Isenbart

Statistik für Betriebswirte

Prof. Dr. Fritz Isenbart

Statistik für Betriebswirte

Lehr- und Arbeitsbuch der beschreibenden Statistik
mit praktischen Beispielen

Betriebswirtschaftlicher Verlag Dr. Th. Gabler · Wiesbaden

ISBN 3 409 27091 4

Vorwort

Der Betriebswirt hat in seiner beruflichen Tätigkeit ständig mit quantitativen Größen umzugehen. In nahezu allen Bereichen wird der Betriebsablauf zahlenmäßig geplant und überwacht. Die dabei im einzelnen anfallenden Daten lassen sich heute mit Hilfe von EDV-Anlagen mühelos speichern und stehen im Bedarfsfalle jederzeit wieder zur Verfügung. Ihre meist unübersichtliche Fülle zwingt jedoch dazu, diese Daten mit geeigneten Verfahren so aufzubereiten, daß wesentliche Zustände und Vorgänge klar hervortreten und leicht erkennbar werden.

Das vorliegende Buch soll nun Studierende und Wirtschaftspraktiker mit den grundlegenden Verfahren auf dem Gebiet der beschreibenden Statistik vertraut machen, die in viele Bereiche der Wirtschaft Eingang gefunden haben und mit deren Hilfe der Praktiker Informationen gewinnen kann, die für seine Entscheidungen unentbehrlich sind.

Da sich dieses Buch auch an Leser wendet, die in der Lektüre wissenschaftlicher Texte weniger geübt sind, wird stets an bereits Bekanntes angeknüpft, um Neues zu erläutern. So wird jeder neue statistische Begriff unmittelbar nach seiner Einführung durch Beispiele erklärt, damit er vom Leser mit bereits bekannten Dingen identifiziert werden kann. Behandelte Rechenverfahren werden an Beispielen aus dem Wirtschaftsleben vollständig durchgeführt. Zusätzlich sind praktische Fälle als Übungsaufgaben angegeben, zu denen gleichfalls lückenlose und ausführliche Lösungen vorliegen.

Die Beispiele dienen dem Verständnis des Lehrstoffes und können daher bei der Lektüre nicht übergangen werden, wenn die Zusammenhänge lückenlos verstanden werden sollen. Die Übungsaufgaben dienen der Kontrolle und der Festigung des Verständnisses behandelter Gebiete und sollten unbedingt an der Stelle gerechnet werden, an der sie in den Text eingefügt sind. Numerische Beispiele und Übungsaufgaben wurden so konzipiert, daß sie vom Leser ohne Mühe gerechnet werden können. Hierzu wird allerdings die Verwendung eines einfachen elektronischen Taschenrechners[1]) dringend empfohlen, da die sich ständig wiederholenden Multiplikationen und Divisionen sonst die Bearbeitungszeiten erheblich ausdehnen.

Fritz Isenbart

1) Ein solcher Taschenrechner muß für die hier anfallenden Aufgaben besitzen: 4 Grundrechnungsarten, Gleitkomma. Von zusätzlichem Nutzen ist die Exponentialfunktion a^x.

Inhaltsverzeichnis

A. Einführung — Grundbegriffe

Lernziel

> Nach der Lektüre dieses Abschnittes sollten Sie den Begriff des Merkmals und damit zusammenhängende Begriffe wie Merkmalsträger, Merkmalsausprägung, Beobachtungswert an Beispielen aus dem Wirtschaftsleben erläutern können.

I. Begriff der Statistik und Hauptgebiete

Unter dem Begriff Statistik faßt man heute allgemein die Methoden zusammen, die der quantitativen (zahlenmäßigen) Untersuchung von Massenerscheinungen in Natur und Gesellschaft dienen.

Diese formalen Methoden sind unabhängig vom Gebiet des jeweiligen Untersuchungsgegenstandes (z. B. Wirtschaft, Technik, Medizin) stets die gleichen, und es hat sich eingebürgert, sie in die Hauptgebiete

- beschreibende (deskriptive) Statistik und
- schließende (induktive) Statistik

zu unterteilen.

Die Methoden der beschreibenden Statistik dienen dazu, an Hand von (konkreten) Beobachtungsdaten Zustände und Vorgänge zu beschreiben. Diese Beschreibung kann durch die Angabe von Häufigkeitsverteilungen, statistischen Maßzahlen, Zeitreihen oder Indexzahlen vorgenommen werden. Gültigkeit haben solche Beschreibungen naturgemäß *nur für den Beobachtungsbereich* (die spezielle Stichprobe), aus dem die Angaben gewonnen worden sind.

Will man auf *allgemeine Gesetzmäßigkeiten* schließen, die über den Beobachtungsbereich hinaus Gültigkeit haben, so muß man sich der Methoden der schließenden Statistik bedienen. Die Handhabung dieser höheren statistischen Methoden setzt jedoch die Kenntnis gewisser Grundtatsachen der Wahrscheinlichkeitsrechnung voraus, deren Erörterung den Rahmen dieses Buches sprengen würde.

Es sei noch darauf hingewiesen, daß die schließende Statistik zur Gewinnung ihrer Aussagen sogenannte Stichprobenfunktionen heranzieht, die im wesentlichen den (hier im folgenden behandelten) Maßzahlen der beschreibenden Statistik entsprechen. Die Kenntnis der Methoden der beschreibenden Statistik ist daher auch Voraussetzung zur richtigen Anwendung der höheren Methoden der schließenden Statistik.

II. Statistisches Material

1. Merkmale und ihre Ausprägungen

Jede statistische Erhebung dient zunächst dem Zweck, an Merkmalsträgern Ausprägungen von interessierenden Merkmalen (Merkmalsausprägungen) festzustellen. Zu diesem Zweck wird aus der Gesamtheit der in Frage kommenden Merkmalsträger eine Anzahl entnommen, an der die jeweils interessierenden Merkmalsausprägungen beobachtet oder gemessen werden. Die so gewonnenen einzelnen Werte bezeichnet man als Beobachtungswerte oder Meßwerte.

Zur Erläuterung dieser grundlegenden Begriffe seien hier zunächst drei praktische Beispiele aus dem Bereich der Wirtschaft angeführt.

- **Beispiel 1**

In einer Kaffeerösterei werden 500-g-Packungen vollmaschinell abgefüllt. Man interessiert sich für die genauen Füllgewichte der einzelnen Packungen, die aus technischen und wirtschaftlichen Gründen von der Norm 500 g nach oben und unten abweichen werden.

Hier ist das interessierende Merkmal das genaue Füllgewicht in Gramm. Merkmalsträger ist die einzelne Packung. (Sie trägt das Merkmal: Das genaue Füllgewicht beträgt x Gramm.) Geht man z. B. davon aus, daß nur Füllgewichte x zwischen 480 g und 520 g denkbar sind, so ist jede reelle Zahl zwischen 480 und 520 eine mögliche Merkmalsausprägung. Wird nun das Füllgewicht einzelner Packungen genau ausgewogen, so erhält man die speziellen Beobachtungswerte.

- **Beispiel 2**

Zehnstückweise abgepackte Fotoblitzlampen werden auf nichtfunktionsfähige Lampen untersucht. Hier ist das interessierende Merkmal die Anzahl der nichtfunktionsfähigen Stücke (Schlechtstücke) in einer Packung. Merkmalsträger ist somit die Packung. (Sie trägt das Merkmal: Anzahl der Schlechtstücke ist x.) Die Anzahl der Schlechtstücke kann im günstigsten Falle 0 und im ungünstigsten Falle 10 betragen. Als Merkmalsausprägungen kommen mithin $x = 0, 1, 2, \ldots, 10$ in Betracht.

- **Beispiel 3**

In einem Betrieb soll die Belegschaft nach dem Familienstand untergliedert werden. Interessierendes Merkmal ist also der Familienstand. Die möglichen Merkmalsausprägungen sind: ledig, verheiratet, verwitwet, geschieden. Träger des Merkmals Familienstand sind die einzelnen Belegschaftsangehörigen.

Die in den Beispielen 1 und 2 betrachteten Merkmale unterscheiden sich wesentlich vom Merkmal des Beispiels 3. Während man in den ersten beiden Beispielen die Merkmalsausprägungen von vornherein durch Zahlen (Quantitäten) angeben kann, muß man die Merkmalsausprägungen des Beispiels 3 durch Eigenschaften (Attribute, Qualitäten) beschreiben. Aus diesem Grunde unterscheidet man in der Statistik ganz allgemein zwischen quantitativen und qualitativen Merkmalen.

Die quantitativen Merkmale unterteilt man noch nach einem weiteren Gesichtspunkt. Im Beispiel 1 wird ein Merkmal betrachtet, das in dem vorgegebenen Intervall jeden Wert annehmen kann. Man sagt auch, das Merkmal variiert innerhalb dieses Intervalls stetig, und bezeichnet solche Merkmale als stetige Merkmale. Kann das Merkmal nicht jeden Wert eines Intervalls annehmen, sondern nur einzelne (diskrete) Werte (wie im Beispiel 3 die Werte $x = 0, 1, 2, \ldots, 10$), so spricht man von einem nichtstetigen oder diskreten Merkmal.

In Tabelle 1 ist die hier getroffene Unterteilung der Merkmale noch einmal zusammengefaßt.

Tab. 1: Merkmale und ihre Ausprägungen

Merkmal	Merkmalsausprägungen
quantitativ	
stetig	alle Punkte eines vorgegebenen Intervalls
diskret	einzelne Punkte auf der Zahlengeraden
qualitativ	bezeichnet durch Attribute

2. Gewinnung von statistischem Material

Als statistisches Material oder Beobachtungsmaterial bezeichnet man die Gesamtheit der nach einer Erhebung vorliegenden Meß- oder Beobachtungswerte. Sind diese Werte in der Reihenfolge ihres Auftretens — in der Regel also völlig ungeordnet — notiert worden, so spricht man auch von der Urliste.

Es gibt nun verschiedene Erhebungstechniken zur Gewinnung des statistischen Materials:

— Im betrieblichen Bereich wird man sich die benötigten Werte überwiegend durch direkte Messung oder Beobachtung verschaffen.

— Im Bereich der Marktforschung und der Meinungsforschung bedient man sich weitgehend der Erhebung durch persönliche Befragung (Interviews).

— Die amtliche Statistik in der Bundesrepublik (Statistisches Bundesamt, statistische Landesämter, kommunale statistische Ämter) führt Erhebungen in der Hauptsache mit Hilfe von Fragebogen durch.

Da mit jeder neuen Erhebung teilweise erhebliche Kosten verbunden sind, wird man nach Möglichkeit versuchen, Daten aus bereits vorliegenden Erhebungen zu geplanten Untersuchungen zu verwenden. Im Betrieb kann daher in vielen Fällen von den Unterlagen des Rechnungswesens ausgegangen werden.

B. Beschreibung eines Merkmals

Lernziel

> Nachdem Sie diesen Abschnitt durchgearbeitet haben, sollten Sie Ihnen vorliegendes statistisches Beobachtungsmaterial (aus der Beobachtung *eines* Merkmals) beschreiben können, und zwar ggf. durch
> — Häufigkeitsverteilung und empirische Verteilungsfunktion,
> — Lokalisationsmaße,
> — Streuungsmaße.

I. Ungruppierte Beobachtungswerte, Rangwertreihe

Wir wollen hier von einem Beispiel ausgehen, bei dem die Gewinnung des statistischen Materials gerade abgeschlossen ist und die Beobachtungswerte uns in Form der Urliste ungeordnet und ungruppiert vorliegen. Im Anschluß an Beispiel 1 können wir uns vorstellen, daß an einem Arbeitstag in der Kaffeerösterei zufällig[1]) zehn 500-g-Packungen der Produktion entnommen und auf ihr genaues Füllgewicht untersucht worden sind. Die dabei im einzelnen beobachteten Füllgewichte finden wir im Beispiel 4 notiert.

● **Beispiel 4**

Zufallsauswahl von zehn 500-g-Packungen aus einer Tagesproduktion. Feststellung der Füllgewichte (gerundet auf ganze Gramm).
Urliste: 495, 502, 512, 496, 508, 503, 496, 504, 516, 488.

In diesem Beispiel ist also aus der Gesamtheit der Tagesproduktion eine Stichprobe vom Umfang n = 10 entnommen worden. Die einzelnen Beobachtungswerte in der Reihenfolge ihres Auftretens bezeichnen wir im folgenden mit x_ν[2]), wobei ν im Beispiel 4 die Werte 1, 2, ..., 10 und allgemein die Werte ν = 1, 2, ..., n annimmt. In Beispiel 4 gilt also

$$x_1 = 495 \text{ g}, \quad x_2 = 502 \text{ g}, \quad \ldots, \quad x_{10} = 488 \text{ g}.$$

Ordnet man die in der Urliste enthaltenen Beobachtungswerte x_ν der Größe nach so, daß der kleinste Wert am Anfang und der größte Wert am Ende stehen, erhält man die sog. R a n g w e r t r e i h e.

Um die Rangwerte von den Beobachtungswerten unterscheiden zu können, setzen wir bei ersteren das ν in eine eckige Klammer. $x_{[\nu]}$ bezeichnet dann den ν-ten Rangwert. In Beispiel 4 lautet der 1. Rangwert (kleinster Beobachtungswert) $x_{[1]}$ = 488 und der 10. Rangwert (größter Beobachtungswert) $x_{[10]}$ = 516.

In der folgenden Tabelle 2 sind für das Beispiel 4 die Rangnummern [ν] vollständig angegeben. Es gilt hier: Der 1. Beobachtungswert ist 2. Rangwert

1) Die Zufälligkeit der Auswahl wäre in unserem Beispiel gewahrt, wenn jede an diesem Arbeitstag produzierte Packung die gleiche Chance hätte, in die Stichprobe zu gelangen.

2) Lies: x nü. ν = kleiner griechischer Buchstabe.

($x_1 = x_{[2]} = 495$), der 2. Beobachtungswert ist 5. Rangwert ($x_2 = x_{[5]} = 502$) und weiter $x_3 = x_{[9]} = 512, \ldots, x_{10} = x_{[1]} = 488$.

Tab. 2: Urliste und Rangnummern für die Werte aus Beispiel 4

Urliste		
Beobachtungsnummern ν	Beobachtungswerte (auf g gerundet) x_ν	Rangnummern $[\nu]$
(0)	(1)	(2)
1	495	[2]
2	502	[5]
3	512	[9]
4	496	[3][3]
5	508	[8]
6	503	[6]
7	496	[4]
8	504	[7]
9	516	[10]
10	488	[1]
Summe der Beobachtungswerte	5 020	

An der formalen Schreibweise, die wir in diesem Gliederungspunkt verwendet haben, soll auch im weiteren Verlauf festgehalten werden. So wollen wir im folgenden einheitlich bezeichnen:

— zu untersuchende quantitative Merkmale mit großen Buchstaben X, Y, Z;

— die bei diesen Merkmalen beobachteten Merkmalsausprägungen mit den entsprechenden kleinen indizierten Buchstaben x_ν, y_ν, z_ν ($\nu = 1, 2, \ldots, n$);

— den Stichprobenumfang (oder Umfang der beobachteten Gesamtheit) mit n;

— die (hier seltener interessierenden) Rangwerte mit $x_{[\nu]}$, $y_{[\nu]}$, $z_{[\nu]}$ ($\nu = 1, 2, \ldots, n$).

II. Gruppierte Beobachtungswerte, Häufigkeitsverteilung, empirische Verteilungsfunktion

Die gerade besprochene Urliste wird unübersichtlich, wenn sie eine zu große Anzahl an Beobachtungswerten enthält. Aus diesem Grunde wird man bei umfangreichem Beobachtungsmaterial (großen Stichproben) einzelne Beobach-

3) Eine eindeutige Zuordnung der Rangnummer [3] zu dem Beobachtungswert $x_4 = 496$ g ist nicht möglich. Genausogut hätte man die Rangnummer [3] dem Beobachtungswert $x_7 = 496$ g zuordnen können; in diesem Falle hätte x_4 die Rangnummer [4] erhalten.

tungswerte zu Gruppen oder Klassen (meist Größenklassen) zusammenfassen. Es wird zunächst wieder ein Beispiel angegeben, an dem die grundlegenden Begriffe erläutert werden sollen.

● **Beispiel 5**

Aus der Tagesproduktion einer Kaffeerösterei wurden 50 500-g-Packungen zufällig ausgewählt und die auf Zehntelgramm gerundeten Füllgewichte festgestellt. Dabei ergaben sich die folgenden Beobachtungswerte (Urliste):

502,6	491,7	488,0	495,0	512,1	503,1	517,5	500,1	493,9	482,1
492,4	508,4	507,5	497,2	499,5	485,3	502,0	498,7	513,0	509,5
503,2	486,9	494,4	501,0	501,3	505,8	500,3	495,8	491,3	489,2
506,5	510,3	494,7	495,3	500,5	490,1	498,1	502,1	504,3	499,0
507,7	496,6	493,1	519,9	511,2	505,4	483,7	496,2	504,7	489,6

Will man ein solches Beobachtungsmaterial in Größenklassen unterteilen, so stellt man zunächst fest, in welchem Bereich die Beobachtungswerte liegen. In Beispiel 5 ist $x_{[1]} = 482{,}1$ g der kleinste und $x_{[50]} = 519{,}9$ g der größte Beobachtungswert.

Man kann diese Werte auf der als Merkmalsachse bezeichneten x-Achse auftragen. Die Klassenbildung besteht nun in unserem Beispiel darin, ein Intervall, das den größten und den kleinsten Wert enthält, in kleinere, einander punktfremde (d. h. nicht überlappende) Intervalle zu unterteilen, und zwar so, daß kein Wert auf der Merkmalsachse zwischen 482,1 g und 519,9 g unberücksichtigt bleibt. Die durch eine solche Unterteilung gewonnenen Intervalle bezeichnet man als Merkmalsklassen oder kurz als Klassen.

Wenn für eine solche Unterteilung keine einschränkenden Nebenbedingungen vorliegen, sollte man nach Möglichkeit Klassen gleicher Breite (äquidistante Klassen) wählen, deren Mitten ganze Zahlen sind. Eine solche Wahl vereinfacht spätere numerische Rechnungen.

Für die Anzahl der Klassen gibt es keine festen Vorschriften, jedoch legte der Arbeitsausschuß Statistik im Deutschen Normenausschuß folgende Richtwerte fest (DIN 55 302):

bis 100 Beobachtungswerte mindestens 10 Klassen,
bis 1 000 Beobachtungswerte mindestens 13 Klassen,
bis 10 000 Beobachtungswerte mindestens 16 Klassen.

Wenn in unseren Beispielen von diesen Empfehlungen abgewichen wird, so geschieht das, um die Beispiele übersichtlicher und den numerischen Teil kürzer gestalten zu können.

Nach diesen Hinweisen könnte eine Klasseneinteilung z. B. die in Abbildung 1 angegebene Form haben.

Abb. 1: Bildung von Merkmalsklassen zu Beispiel 5

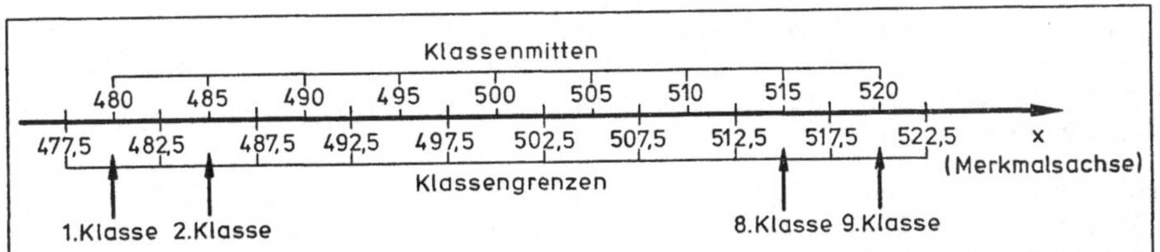

Es hat sich eingebürgert, die obere Grenze einer Klasse als zu dieser Klasse gehörend zu betrachten, die untere Grenze hingegen nicht. Dementsprechend gehört in Beispiel 5 der Beobachtungswert x = 517,5 g eindeutig in die 8. Klasse.

Jetzt sind wir in der Lage, jeden der 50 beobachteten Werte eindeutig einer Klasse zuzuordnen.

Wenn wir das tun, wenn wir also feststellen, wie häufig jede einzelne Klasse mit Beobachtungswerten belegt ist, bekommen wir die absoluten Häufigkeiten oder Belegungszahlen (n_i). Setzt man diese absoluten Häufigkeiten in Relation zum Stichprobenumfang n, so erhält man die als relative Häufigkeiten bezeichneten Größen $\frac{n_i}{n}$.

In Tabelle 3 findet man die absoluten und die relativen Häufigkeiten für das Beispiel 5.

Tab. 3: Häufigkeitsverteilung zu Beispiel 5 (Füllgewichte von 50 500-g-Packungen)

Klassen-nummer i	Klasse enthält alle Beobachtungswerte x_ν mit $\tilde{x}_{i-1} < x_\nu \leq \tilde{x}_i$	Klassen-mitten x_i	absolute Häufig-keiten n_i	relative Häufig-keiten $\frac{n_i}{n}$	auf-summierte rel. Häufig-keiten[4]) $F(\tilde{x}_i)$
(0)	(1)	(2)	(3)	(4)	(5)
1	$477{,}5 < x_\nu \leq 482{,}5$	480	1	0,02	0,02
2	$482{,}5 < x_\nu \leq 487{,}5$	485	3	0,06	0,08
3	$487{,}5 < x_\nu \leq 492{,}5$	490	7	0,14	0,22
4	$492{,}5 < x_\nu \leq 497{,}5$	495	10	0,20	0,42
5	$497{,}5 < x_\nu \leq 502{,}5$	500	11	0,22	0,64
6	$502{,}5 < x_\nu \leq 507{,}5$	505	9	0,18	0,82
7	$507{,}5 < x_\nu \leq 512{,}5$	510	6	0,12	0,94
8	$512{,}5 < x_\nu \leq 517{,}5$	515	2	0,04	0,98
9	$517{,}5 < x_\nu \leq 522{,}5$	520	1	0,02	1,00
			n=50	1	

4) Werden später erläutert.

Eine solche Tabelle wird Häufigkeitsverteilung genannt, weil sie Auskunft darüber gibt, wie sich die gesamte absolute Häufigkeit von hier $n = 50$ Beobachtungen (oder die gesamte relative Häufigkeit von 1) auf die einzelnen Klassen verteilt. Liegt das Beobachtungsmaterial in Form einer Häufigkeitsverteilung vor, so spricht man von gruppierten Beobachtungswerten.

Durch die Zusammenfassung verschiedener Beobachtungswerte in Klassen geht ein Teil der in der Urliste enthaltenen Information verloren, nämlich die Information darüber, wo die Beobachtungswerte innerhalb der einzelnen Klassen liegen. So sehen wir aus der Häufigkeitsverteilung zwar, daß z. B. in der 5. Klasse ($i = 5$) 11 Beobachtungswerte liegen. Die Information darüber, *wo* sie innerhalb der Klasse liegen, ist bei der Klassenbildung verlorengegangen. In diesem Zusammenhang spricht man auch von Informationsverlust.

Die in der Tabelle 3 eingeführten Symbole werden in der Statistik in der Regel ganz allgemein bei ähnlichen Untersuchungen quantitativer stetiger Merkmale verwendet.

Es bedeutet daher im folgenden:

i = Klassennummer,

k = Anzahl der Klassen $i = 1, 2, \ldots, k$,

$\tilde{x}_i$ = obere Grenze der i-ten Klasse (Grenzpunkt, Wechselpunkt),

x_i = Klassenmitte der i-ten Klasse,

$d_i = \tilde{x}_i - \tilde{x}_{i-1}$ = Breite der i-ten Klasse,

n_i = Belegung der i-ten Klasse mit Beobachtungswerten (absolute Häufigkeit).

Im Beispiel 5 können wir bei Verwendung dieser Symbole feststellen:

$i = 1, 2, \ldots, 9$, also Anzahl der Klassen $k = 9$.

Für $i = 3$ (also die 3. Klasse) gilt z. B.:

$\tilde{x}_i = \tilde{x}_3 = 492{,}5$: oberer Grenzpunkt der 3. Klasse (gehört zur 3. Klasse).

$\tilde{x}_{i-1} = \tilde{x}_2 = 487{,}5$: oberer Grenzpunkt der 2. Klasse (gehört zur 2. Klasse); gleichzeitig unterer Grenzpunkt der 3. Klasse (zu der er nicht gehört).

$x_i = x_3 = 490$: Klassenmitte der 3. Klasse.

$d_i = d_3 = \tilde{x}_3 - \tilde{x}_2 = 5$: Breite der 3. Klasse. — Da in Beispiel 5 (Tabelle 3) alle Klassen die gleiche Breite aufweisen, liegt Äquidistanz vor.

$n_i = n_3 = 7$: absolute Häufigkeit in der 3. Klasse.

$\frac{n_i}{n} = \frac{n_3}{n} = \frac{7}{50}$: relative Häufigkeit in der 3. Klasse.

Die in Spalte 5 von Tabelle 3 angegebenen aufsummierten relativen Häufigkeiten geben die Anteile der Beobachtungswerte an, die die obere Grenze der jeweils betrachteten Klasse nicht überschreiten. So liegen auf der Merkmalsachse bis zur oberen Grenze der 5. Klasse einschließlich 64 % der insgesamt beobachteten Werte; in Kurzform geschrieben:

$F(\tilde{x}_5) = F(502{,}5) = 0{,}64.$

Anders ausgedrückt, wurde bei 64 % der Beobachtungswerte ein Gewicht festgestellt, das den Wert von 502,5 g nicht überschritt.

Man verallgemeinert jetzt diesen Begriff der aufsummierten relativen Häufigkeiten zur ***empirischen Verteilungsfunktion****, indem man die Funktion F( ) (die bisher nur für die Klassenwechselpunkte* $\tilde{x}_i$ *Werte annehmen kann) auf der gesamten Merkmalsachse definiert*[5].

Unter der Annahme, daß die Beobachtungswerte *innerhalb* der einzelnen Klassen *gleichmäßig verteilt* sind, erhält die empirische Verteilungsfunktion ein sehr einfaches Aussehen (vgl. auch Abbildung 2)[6]:

$F(x) = 0$ für alle $x \leqq \tilde{x}_0$ (alle x kleiner oder gleich dem unteren Wechselpunkt der 1. Klasse).

Innerhalb jeder einzelnen Klasse steigt F(x) vom unteren Wechselpunkt bis zum oberen Wechselpunkt linear (d. h. in Form einer Geraden) an.

$F(x) = 1$ für alle $x \geqq \tilde{x}_k$ (alle x, die gleich dem oberen Wechselpunkt der letzten Klasse oder größer sind).

Die Annahme der gleichmäßigen Verteilung der Beobachtungswerte innerhalb der einzelnen Klassen hat zur Folge, daß die Funktionswerte F(x) der empirischen Verteilungsfunktion einfach durch **lineare Interpolation** ermittelt werden können. Deswegen legt man diese Annahme zugrunde, selbst wenn sie bei praktischen Fragestellungen (wie in Beispiel 5) nicht ganz erfüllt ist.

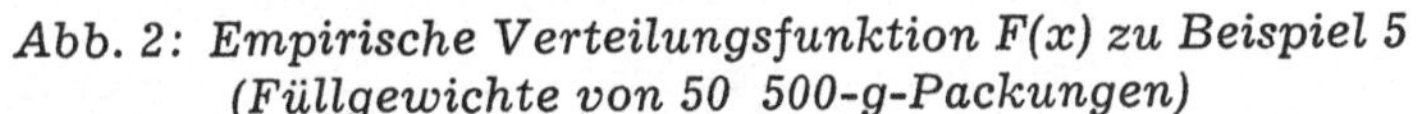

Abb. 2: Empirische Verteilungsfunktion F(x) zu Beispiel 5 (Füllgewichte von 50 500-g-Packungen)

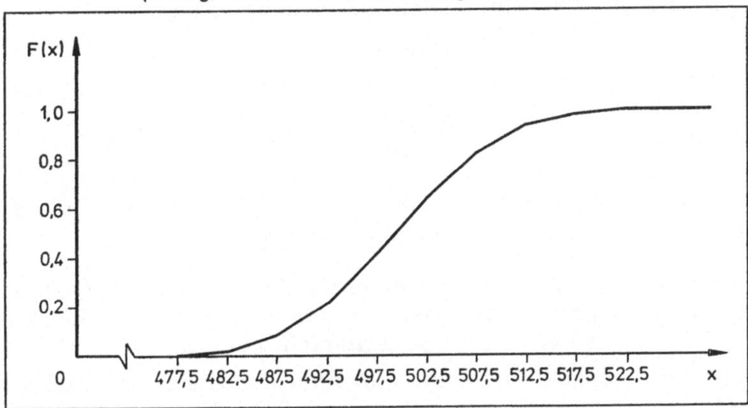

---

5) In der mathematischen Statistik wird der Begriff der empirischen Verteilungsfunktion allgemeiner, ausgehend von der Rangwertreihe (also für ungruppierte Beobachtungswerte), definiert.

6) Strenggenommen ist die hier beschriebene Funktion eine approximierende Verteilungsfunktion (vgl. Fußnote 5).

Wie man bei der Berechnung gesuchter Funktionswerte F(x) der empirischen Verteilungsfunktion praktisch vorgehen kann, zeigt Beispiel 6.

● **Beispiel 6**

Aus den in Tabelle 3 angegebenen Werten $F(\tilde{x}_i)$ soll der Wert F(x) der empirischen Verteilungsfunktion an der Stelle x = 501 durch lineare Interpolation errechnet werden.

Lösung: Das Dreieck, in dem linear interpoliert werden soll, ist in Abbildung 3 skizziert. Gesucht wird darin die mit y bezeichnete Strecke.

Abb. 3: Lineare Interpolation

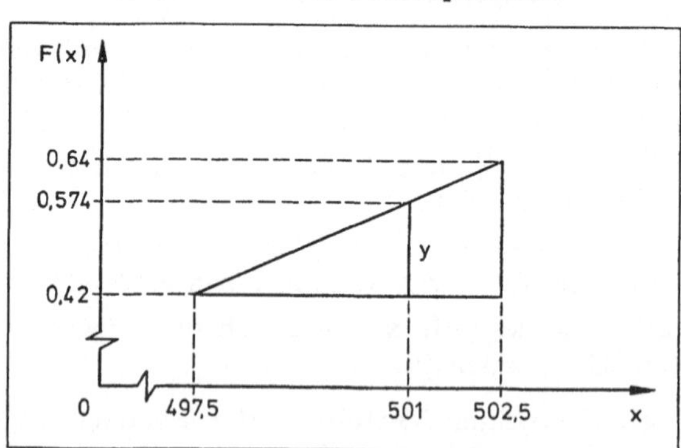

In dem Intervall von x = 497,5 bis x = 502,5 auf der Merkmalsachse (Intervallbreite d_4 = 5) wachsen die Funktionswerte von F(497,5) = 0,42 bis auf F(502,5) = 0,64 an (Zunahme: 0,22). In dem Intervall von x = 497,5 bis x = 501 (der Breite 3,5) wachsen die Funktionswerte um y an.

Wegen der Ähnlichkeit beider Dreiecke[7]) gilt: Die Quotienten einander entsprechender Strecken sind gleich. Das bedeutet hier:

$$\frac{0{,}22}{5} = \frac{y}{3{,}5},$$

woraus folgt:

$$y = \frac{0{,}22 \cdot 3{,}5}{5} = 0{,}154.$$

Damit ist der gesuchte Funktionswert der empirischen Verteilungsfunktion

$$F(501) = 0{,}42 + y = 0{,}574.$$

Aussage dieses Ergebnisses: Unter der Annahme gleichmäßiger Verteilung der Beobachtungswerte innerhalb der 5. Klasse wird das Füllgewicht 501 g von 57,4 % der Beobachtungswerte nicht überschritten.

Zählt man die Beobachtungswerte aufgrund der Urliste des Beispiels 5 aus, so kommt man zu dem genauen Ergebnis, daß das Füllgewicht x = 501 g von 29 Beobachtungswerten nicht überschritten wird; das sind 58 % der Beobachtungswerte. Der Fehler (durch Annahme gleichmäßiger Verteilung der Beobachtungswerte in der 5. Klasse) ist also gering.

---

7) Zwei Dreiecke heißen ähnlich, wenn einander entsprechende Winkel gleich sind.

Die bisher angestellten Betrachtungen über die empirische Verteilungsfunktion bezogen sich auf den Fall, daß ein stetiges quantitatives Merkmal vorliegt.

Bei diskreten quantitativen Merkmalen ist die empirische Verteilungsfunktion in analoger Weise definiert. Bei der Annahme gleichmäßiger Verteilung der Beobachtungswerte innerhalb von Klassen darf man hier jedoch nur solche Merkmalsausprägungen berücksichtigen, die auch tatsächlich angenommen werden können.

Das folgende Beispiel gibt die Häufigkeitsverteilung und die empirische Verteilungsfunktion für ein diskretes quantitatives Merkmal an.

Beispiel 7

In einem Betrieb wurden während eines Kalendermonats die Anzahlen der pro Schicht angefallenen Ausschußstücke eines Produkts festgestellt und in der Reihenfolge ihres Auftretens notiert. Es ergab sich die folgende Urliste:

2 0 5 3 4 1 4 8 3 9 4 3 6 1 4 5 2 8 3 7 4 1
2 4 5 0 4 1 7 3 8 2 6 2 5 3 6 4 6 2 5 5 4 3

Tab. 4: Häufigkeitsverteilung zu Beispiel 7

Nummer der Merkmalsausprägung	Merkmalsausprägung: Ausschußstücke pro Schicht	absolute Häufigkeiten	relative Häufigkeiten[8]	aufsummierte relative Häufigkeiten[9]
i	x_i	n_i	$\frac{n_i}{n}$	$F(x_i)$
(0)	(1)	(2)	(3)	(4)
1	0	2	0,0455	0,0455
2	1	4	0,0909	0,1364
3	2	6	0,1364	0,2728
4	3	7	0,1591	0,4319
5	4	9	0,2045	0,6364
6	5	6	0,1364	0,7728
7	6	4	0,0909	0,8637
8	7	2	0,0455	0,9092
9	8	3	0,0682	0,9774
10	9	1	0,0227	1,0001
		$n = 44$ Schichten wurden beobachtet	1,0001[9]	

8) Gerundet.

9) Durch Rundungsfehler entstandene Ungenauigkeiten läßt man stehen.

Aufgrund der Tabelle 4 können wir z. B. Aussagen der folgenden Art machen: Die 5. Merkmalsausprägung $x_i = x_5 = 4$ Ausschußstücke pro Schicht trat im beobachteten Zeitraum $n_5 = 9$mal auf, d. h., in 20,45 % der beobachteten Schichten fielen 4 Ausschußstücke an. Die entsprechende aufsummierte relative Häufigkeit beträgt $F(x_5) = F(4) = 0{,}6364$; d. h., in 63,64 % aller beobachteten Schichten überschritt die Anzahl der Ausschußstücke die Zahl 4 nicht.

Man verallgemeinert auch hier die aufsummierten relativen Häufigkeiten zur empirischen Verteilungsfunktion, indem man die Funktion F( ) auf der gesamten Merkmalsachse definiert. Hier wäre jedoch die Annahme eines linearen Anwachsens von F(x) von einer Merkmalsausprägung x_i bis zur folgenden unsinnig, da die dazwischenliegenden x-Werte als Merkmalsausprägungen nicht in Frage kommen.

Aus diesem Grunde legt man fest, daß sich die Funktionswerte F(x) von einer Merkmalsausprägung bis beliebig dicht an die nächstgrößere heran nicht ändern.

Mit dieser Festlegung erhält die empirische Verteilungsfunktion zu Beispiel 7 folgendes sehr einfache Aussehen (siehe auch Abbildung 4):

$$F(x) = \begin{cases} 0 \quad \text{für alle } x < x_1 & \text{(d. h. kleiner als die kleinste Merkmalsausprägung)} \\ \frac{n_i}{n} \text{ für alle } x_i \leq x < x_{i+1}, & i = 1, 2, \ldots, k-1 \\ 1 \quad \text{für alle } x \geq x_k & \text{(d. h. größer oder gleich der größten Merkmalsausprägung)} \end{cases}$$

Abb. 4: Empirische Verteilungsfunktion F(x) zu Beispiel 7 (Ausschußstücke pro Schicht)

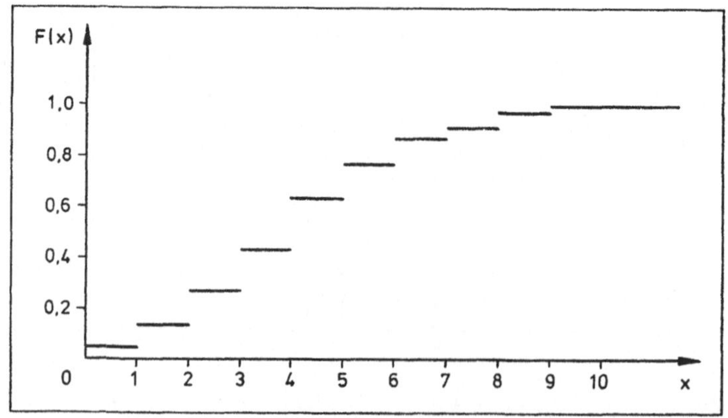

Übungsaufgabe 1

Ein Lebensmittelfilialunternehmen erzielte in einem Geschäftsjahr in seinen 64 Filialen die in Tabelle 5 zusammengestellten Gewinne bzw. Verluste.

Tabelle 5

	Gewinn/Verlust in 1000 DM	Anzahl der Filialen
Verluste	— 30 bis über — 50	1
	— 10 bis über — 30	3
	0 bis über — 10	4
Gewinne	über 0 bis 10	8
	über 10 bis 20	16
	über 20 bis 30	16
	über 30 bis 50	11
	über 50 bis 70	4
	über 70 bis 100	1

1. Man stelle die Häufigkeitsverteilung ausführlich entsprechend Tabelle 3 auf.
2. Man ermittle die Werte der empirischen Verteilungsfunktion für $x = -4; 0; 15; 30; 43$.

Übungsaufgabe 2

Ein Autoreifenhersteller führte Lebensdauertests für eine neue Serie durch und erhielt dabei folgende Beobachtungswerte (Lebensdauer in 1000 km):

43,0	37,7	44,2	55,2	42,7	50,5	51,7	51,5	45,4	49,2
35,8	43,1	43,3	43,8	52,1	48,4	41,1	28,1	46,7	39,3
56,9	45,0	41,6	45,6	52,9	39,2	49,3	42,5	46,3	46,9
32,6	48,7	45,8	38,9	47,4	51,4	53,1	50,5	40,0	31,4
44,0	36,1	47,7	37,1	44,4	52,3	30,5	54,8	49,6	57,2

1. Man stelle (analog Tabelle 3) eine Häufigkeitsverteilung auf, die $k = 6$ äquidistante Klassen enthält. Hierbei wähle man: $\tilde{x}_0 = 27{,}5$ und $\tilde{x}_6 = 57{,}5$.
2. Man ermittle die Werte der empirischen Verteilungsfunktion für $x = 36{,}25; 40$.

III. Lokalisationsmaße

1. Arithmetisches Mittel

Oftmals interessiert den Praktiker bei statistischen Untersuchungen nicht die gesamte Urliste oder eine daraus abgeleitete Häufigkeitsverteilung, sondern nur eine Angabe darüber, wo auf der Merkmalsachse die Beobachtungswerte im Mittel lokalisiert sind. Solche Angaben lassen sich mit Hilfe verschiedener Lokalisationsmaße machen, deren gebräuchlichstes das arithmetische Mittel ist.

Bei der Berechnung des arithmetischen Mittels — wie auch im folgenden bei der Berechnung anderer statistischer Maßzahlen — müssen wir unterscheiden, ob das Beobachtungsmaterial in ungruppierter Form (Urliste) oder in gruppierter Form (Häufigkeitsverteilung) vorliegt.

In Abhängigkeit von dieser Form des Beobachtungsmaterials berechnet man das mit $\overline{x}$[10]) bezeichnete Mittel nach folgenden Formeln[11]):

Für ungruppierte Beobachtungswerte:

$$\overline{x} = \frac{1}{n}(x_1 + x_2 + \ldots + x_n)$$

(1)
$$\boxed{\overline{x} = \frac{1}{n}\sum_{\nu=1}^{n} x_\nu}$$

Für gruppierte Beobachtungswerte:

$$\overline{x} = \frac{1}{n}(x_1 \cdot n_1 + x_2 \cdot n_2 + \ldots + x_k \cdot n_k)$$

(2)
$$\boxed{\overline{x} = \frac{1}{n}\sum_{i=1}^{k} x_i n_i}$$

Zur Erläuterung der Anwendung dieser Formeln sei das Beobachtungsmaterial einiger uns bereits bekannter Beispiele herangezogen.

● **Beispiel 8**

Man berechne das arithmetische Mittel $\overline{x}$ für die Beobachtungswerte des Beispiels 4.

Lösung: $n = 10$ ungruppierte Beobachtungswerte, d. h.:

$$\nu = 1, 2, \ldots, 10$$

$$\overline{x} = \frac{1}{10}\sum_{\nu=1}^{10} x_\nu = \frac{1}{10}(495 + 502 + \ldots + 488) = 502$$

Ergebnis: Die Beobachtungswerte sind im Mittel bei 502 g lokalisiert.

10) Lies: x quer.

11) Ausführliche Definition des Summenzeichens Σ siehe J. Sommerfeld: Mathematische Grundkenntnisse für Betriebswirte, Wiesbaden 1974, S. 114 ff.

● **Beispiel 9**

Man berechne $\overline{x}$ für die Beobachtungswerte des Beispiels 5.

Lösung: $n = 50$ ungruppierte Beobachtungswerte, d. h.:

$$\nu = 1, 2, \ldots, 50$$

$$\overline{x} = \frac{1}{50} \sum_{\nu=1}^{50} x_\nu = \frac{1}{50} (502{,}6 + 491{,}7 + \ldots + 489{,}6) = 499{,}556$$

Ergebnis: Die Beobachtungswerte sind im Mittel bei 499,556 g lokalisiert.

● **Beispiel 10**

Man berechne $\overline{x}$ für die Häufigkeitsverteilung des Beispiels 5 (Tab. 3).

Lösung: $n = 50$ gruppierte Beobachtungswerte; $k = 9$ Klassen, d. h.:

$$i = 1, 2, \ldots, 9$$

$$\overline{x} = \frac{1}{50} \sum_{i=1}^{9} x_i \cdot n_i = \frac{1}{50} (480 \cdot 1 + 485 \cdot 3 + \ldots + 520 \cdot 1) = 499{,}4$$

Das Ergebnis des Beispiels 10 weicht vom Ergebnis des Beispiels 9 ab, obwohl das gleiche Beobachtungsmaterial zugrunde liegt. Das hat seinen Grund darin, daß sich im Beispiel 10 der durch die Klassenbildung entstandene Informationsverlust bemerkbar macht. Der exakte Wert ist $\overline{x} = 499{,}556$. Hier wird die ganze ursprünglich in den Beobachtungswerten enthaltene Information ausgenutzt.

Ist jedoch nur die Häufigkeitsverteilung angegeben, so muß man das arithmetische Mittel $\overline{x}$ nach Formel (2) berechnen. In der Praxis wird sich daher meist eine geringfügige Abweichung vom exakten Wert ergeben.

Für unsere Beispiele beträgt die Abweichung des Näherungswertes (Beispiel 10) vom exakten Wert (Beispiel 9) 0,031 % des exakten Wertes:

$$\frac{499{,}556 - 499{,}4}{499{,}556} \cdot 100 \approx 0{,}031\ \%.$$

Das arithmetische Mittel ist das in Praxis und Theorie am häufigsten verwendete Lokalisationsmaß.

Übungsaufgabe 3

Man berechne das arithmetische Mittel $\overline{x}$ zu Übungsaufgabe 1.

Übungsaufgabe 4

Man berechne $\overline{x}$ zu Übungsaufgabe 2.

Regeln für das Rechnen mit dem Summenzeichen:

(3) $$\sum_{\nu=1}^{n} (x_\nu \pm y_\nu) = \sum_{\nu=1}^{n} x_\nu \pm \sum_{\nu=1}^{n} y_\nu$$

Ist c eine beliebige Konstante, so gilt:

(4) $$\sum_{\nu=1}^{n} c \cdot x_\nu = c \sum_{\nu=1}^{n} x_\nu$$

(5) $$\sum_{\nu=1}^{n} c = n \cdot c$$

Eine häufiger im Zusammenhang mit dem arithmetischen Mittel auftretende Fragestellung ist folgender Art:

Aus verschiedenen Untersuchungen liegen einzelne arithmetische Mittelwerte vor, aus denen das arithmetische Gesamtmittel ($\bar{\bar{x}}$) berechnet werden soll.

Hier muß man, um zu einer korrekten Aussage zu kommen, die einzelnen Mittelwerte multiplizieren (gewichten) mit der Anzahl der Beobachtungswerte, die zur Berechnung des jeweiligen Mittelwertes verwendet wurden. Die Summe der so gebildeten Produkte wird dividiert durch die Gesamtzahl der in $\bar{\bar{x}}$ insgesamt enthaltenen Beobachtungswerte.

● **Beispiel 11: Arithmetisches Gesamtmittel**

Für 3 Bevölkerungsgruppen wurden die durchschnittlichen Ausgaben für Wohnungsmieten je Haushalt und Monat in einem Zeitraum festgestellt. Die Erhebung führte zu dem in Tabelle 6 gezeigten Ergebnis.

Tabelle 6

Gruppennummer j	durchschnittliche Monatsmiete in DM[12] $\bar{x}^{(j)}$	befragt wurden $n^{(j)}$ Haushalte
1	185	200
2	290	500
3	450	600

Welche durchschnittliche Monatsmiete $\bar{\bar{x}}$ wurde von den befragten Gruppen insgesamt gezahlt?

Lösung:

$$\bar{\bar{x}} = \frac{185 \cdot 200 + 290 \cdot 500 + 450 \cdot 600}{200 + 500 + 600} = 347{,}69 \text{ DM}$$

12) Diese Werte sind arithmetische Mittel.

V e r a l l g e m e i n e r t man dieses spezielle Ergebnis von 3 auf allgemein m Gruppen, so erhält man als Formel für die Berechnung des Gesamtmittels aus m bereits vorliegenden arithmetischen Mittelwerten

(6)
$$\bar{\bar{x}} = \frac{\sum_{j=1}^{m} \bar{x}^{(j)} \cdot n^{(j)}}{\sum_{j=1}^{m} n^{(j)}}$$

2. Median (Zentralwert, Halbwert)

Als Median bezeichnet man in einer Rangwertreihe mit ungerader Anzahl von Beobachtungswerten den mittleren Wert. Liegt eine gerade Anzahl von Beobachtungswerten vor, so bezeichnet man das arithmetische Mittel aus den beiden mittelsten Werten als Median.

Schreibt man diese Definition als Median für u n g r u p p i e r t e B e o b a c h t u n g s w e r t e formal, so erhält man

(7)
$$Me = x_{\left[\frac{n+1}{2}\right]} \qquad \text{für ungerades } n$$

(8)
$$Me = \frac{1}{2}\left(x_{\left[\frac{n}{2}\right]} + x_{\left[\frac{n}{2}+1\right]}\right) \qquad \text{für gerades } n$$

In beiden Fällen ist also der Median (Me) ein Punkt auf der Merkmalsachse, der von 50 % der Beobachtungswerte nicht überschritten wird.

● **Beispiel 12**

Man bestimme aus den Beobachtungswerten des Beispiels 4 den Median.

Lösung: Die Rangwertreihe dieser $n = 10$ Beobachtungswerte findet sich in Tabelle 2. Nach Formel (8) gilt für dieses Beispiel:

$$Me = \frac{1}{2}(x_{[5]} + x_{[6]}) = \frac{1}{2}(502 + 503) = 502{,}5$$

● **Beispiel 13**

Aus der Beobachtungsreihe 112, 110, 113, 109, 108, 113, 107 bestimme man den Median.

Lösung: Durch Ordnen der 7 Werte erhält man die folgende Rangwertreihe:
$x_{[1]} = 107$, $x_{[2]} = 108$, $x_{[3]} = 109$, $x_{[4]} = 110$, $x_{[5]} = 112$,
$x_{[6]} = 113$, $x_{[7]} = 113$.

Nach (7) ist hier der Median

$$Me = x_{[4]} = 110.$$

Die Eigenschaft, daß der Median von 50 % der Beobachtungswerte nicht überschritten wird, zieht man heran, um ihn auch für g r u p p i e r t e B e-

obachtungswerte zu definieren. Hier bezeichnet man als Median den Punkt auf der Merkmalsachse, für den die empirische Verteilungsfunktion den Wert 0,5 annimmt:

(9) $$F(Me) = 0{,}5$$

für gruppierte Beobachtungswerte

Aus dieser Formel muß man den Wert $x = Me$ berechnen.

Nimmt man wieder an, daß die Beobachtungswerte innerhalb der einzelnen Klassen gleichmäßig verteilt sind, so bekommt man den Median durch **lineare Interpolation**. Rechnerisch entspricht das Vorgehen dem Verfahren der Bestimmung von Funktionswerten der empirischen Verteilungsfunktion, nur daß dort x vorgegeben ist und F(x) bestimmt werden muß, während hier $F(x) = 0{,}5$ bekannt ist und $x = Me$ gesucht wird.

In dem folgenden Beispiel findet man das Verfahren zur Bestimmung des Medians durch lineare Interpolation ausführlich beschrieben.

● **Beispiel 14**

Aus den gruppierten Beobachtungswerten des Beispiels 5 (Tabelle 3) berechne man den Median durch lineare Interpolation.

Lösung: Gesucht ist der x-Wert, für den gilt:

$$F(x) = 0{,}5.$$

Dieser x-Wert wird Median genannt. Die empirische Verteilungsfunktion überschreitet den Wert 0,5 in der 5. Klasse. Wir müssen also in der 5. Klasse linear interpolieren und zeichnen das entsprechende Dreieck aus Abbildung 2 heraus (vgl. Abbildung 5).

Abbildung 5

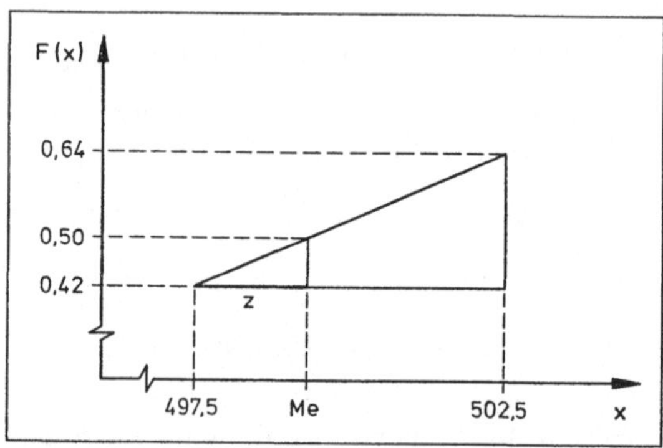

Gesucht wird die mit z bezeichnete Strecke. Wegen der Ähnlichkeit der Dreiecke gilt hier:

$$\frac{502{,}5 - 497{,}5}{0{,}64 - 0{,}42} = \frac{z}{0{,}5 - 0{,}42},$$

woraus folgt:

$$z = 1{,}81$$

Damit ist der Median:

$$Me = 497{,}5 + z = 499{,}3182$$

Aussage: 50 % der kontrollierten 500-g-Packungen haben ein Füllgewicht, das den Wert 499,3182 g nicht überschreitet. Desgleichen haben 50 % ein Füllgewicht, das den Median nicht unterschreitet, also mindestens 499,3182 g beträgt.

Übungsaufgabe 5

Man ermittle den Median zu Übungsaufgabe 1.

Übungsaufgabe 6

Man berechne den Median zu Übungsaufgabe 2.

3. Geometrisches Mittel

Das als geometrisches Mittel bezeichnete Lokalisationsmaß ist in der Praxis immer dann heranzuziehen, wenn bei Wachstumsvorgängen mittlere Wachstumsfaktoren oder mittlere Wachstumsraten bestimmt werden sollen.

Beträgt z. B. der Umsatz eines Unternehmens in einem Jahr $x_t = 30$ Mio. DM, während er im vorhergehenden Jahr nur $x_{t-1} = 25$ Mio. DM betrug, so bezeichnet man als Wachstumsfaktor des Jahres t den Quotienten $y_t = \frac{x_t}{x_{t-1}}$. Der alte Umsatz x_{t-1}, multipliziert mit dem Faktor y_t, ergibt den neuen Umsatz x_t. Als Wachstumsrate wird der um 1 verminderte Wachstumsfaktor bezeichnet.

In dem betrachteten Unternehmen beträgt also der Wachstumsfaktor des Jahres t:

$$y_t = \frac{x_t}{x_{t-1}} = \frac{30}{25} = 1{,}2.$$

Die Wachstumsrate des gleichen Jahres gegenüber dem Vorjahr beträgt:

$$1{,}2 - 1 = 0{,}2 = 20\,\%.$$

Der Bestimmung eines mittleren Wachstumsfaktors aus einer Anzahl von n (ungruppierten) Wachstumsfaktoren y_ν dient das geometrische Mittel, das definiert ist als

(10) $$G = \sqrt[n]{y_1 \cdot y_2 \cdot \ldots \cdot y_n} \qquad \text{mit } y_\nu > 0 \text{ für alle } \nu$$

Der Fall gruppierter Beobachtungswerte tritt im Zusammenhang mit dem geometrischen Mittel in der Praxis so selten auf, daß wir ihn hier nicht gesondert berücksichtigen wollen.

● **Beispiel 15**

Die in der Bundesrepublik Deutschland von Lebensversicherungsunternehmen versicherten Summen beliefen sich (jeweils am Anfang der Berichtszeit) im Jahr t auf x_t Mio. DM (vgl. Tabelle 7).

Tab. 7: Rechentabelle

Jahr t	versicherte Summen[13]) x_t Mio. DM	Wachstumsfaktoren $y_t = \frac{x_t}{x_{t-1}}$[14])	Wachstumsraten[15]) $y_t - 1$
1969	177 756		
1970	199 064	$y_{1970} = \frac{x_{1970}}{x_{1969}} = \frac{199064}{177756} = 1{,}119872$	0,119872 = 11,9872 %
1971	223 310	$y_{1971} = \frac{x_{1971}}{x_{1970}} = \frac{223310}{199064} = 1{,}121800$	0,121800
1972	268 706	$y_{1972} = \frac{x_{1972}}{x_{1971}} = \frac{268706}{223310} = 1{,}203287$	0,203287
1973	311 751	$y_{1973} = \frac{x_{1973}}{x_{1972}} = \frac{311751}{268706} = 1{,}160194$	0,160194
1974	353 323	$y_{1974} = \frac{x_{1974}}{x_{1973}} = \frac{353323}{311751} = 1{,}133350$	0,133350

Wie groß ist die mittlere Wachstumsrate der Versicherungssummen im genannten Zeitraum?

Lösung: Die mittlere Wachstumsrate ist der um 1 verminderte mittlere Wachstumsfaktor, den wir also zunächst bestimmen müssen. Aus den vorliegenden Angaben berechnen wir die einzelnen Wachstumsfaktoren (siehe Tabelle 7). Der mittlere Wachstumsfaktor G beträgt dann

$$G \approx \sqrt[5]{1{,}119872 \cdot \ldots \cdot 1{,}133350}$$

$$G \approx \sqrt[5]{1{,}987686} = 1{,}987686^{\frac{1}{5}} = 1{,}987686^{0{,}2} \approx 1{,}147280$$[16])

Ergebnis: Die mittlere Wachstumsrate für die versicherten Summen betrug im genannten Zeitraum 1,147280 — 1 = 0,147280 oder 14,728 %.

13) Quelle: Statistisches Jahrbuch für die Bundesrepublik Deutschland 1975, S. 375.

14) Werte gerundet.

15) Im Beispiel nicht benötigt.

16) Der Wert $1{,}987686^{0{,}2}$ läßt sich mit vielen Taschenrechnern direkt berechnen. Anderenfalls muß man auf Tabellen der Potenzen ausweichen oder aber logarithmisch rechnen.

Man kommt also zum gleichen Wert x_{1974}, wenn man anstelle der 5 verschiedenen Wachstumsfaktoren 5mal den gleichen mittleren Wachstumsfaktor G verwendet, d. h.:

$$x_{1969} \cdot y_{1970} \cdot y_{1971} \cdot y_{1972} \cdot y_{1973} \cdot y_{1974} = x_{1969} \cdot G^5 = x_{1974}.$$

Hätten wir in diesem Beispiel zur Bestimmung der mittleren Wachstumsrate fälschlicherweise das arithmetische Mittel der einzelnen Wachstumsraten herangezogen, das den Wert $\frac{1}{5}(0{,}119872 + \ldots + 0{,}133350) = 0{,}1477006$ hat, so würde das in den betrachteten 5 Jahren zu einem Anwachsen der versicherten Summen auf $x_{1969} \cdot 1{,}1477006^5 = 353\,971$ Mio. DM führen. Das sind aber 648 Mio. DM zuviel.

Daß in der Praxis auch negative „Wachstumsraten" denkbar sind (wenn der Wachstumsfaktor kleiner als 1 ist), bedarf keiner weiteren Erläuterung.

Übungsaufgabe 7

Die durchschnittliche Versicherungssumme je Lebensversicherungsvertrag entwickelte sich in den Jahren 1969 bis 1974 wie in Tabelle 8 angegeben[17]). Man berechne die mittlere Wachstumsrate der durchschnittlichen Versicherungssumme je Vertrag im genannten Zeitraum.

Tabelle 8

Jahr	Ø Versicherungssumme je Vertrag DM
1969	3661
1970	4049
1971	4679
1972	5272
1973	5848
1974	6328

IV. Prozentpunkte

Betrachten wir hier zunächst noch einmal den Median, den wir definiert haben als einen Punkt auf der Merkmalsachse (x-Achse), der von 50 % der Beobachtungswerte nicht überschritten wird. Wegen dieser Eigenschaft wird der Median auch 50%-Punkt genannt und mit $x_{0,50}$ bezeichnet:

(11) $$Me = x_{0,50}$$

Ganz analog hierzu kann man auch andere Prozentpunkte x_P definieren, für die dann gelten muß:

17) Quelle: Statistisches Jahrbuch für die Bundesrepublik Deutschland 1975, S. 375.

x_P wird von $P \cdot 100\,\%$ der Beobachtungswerte $(0 < P < 1)$ nicht überschritten.

Die rechnerische Bestimmung solcher Prozentpunkte entspricht der Ermittlung des Median.

Liegen ungruppierte Beobachtungswerte vor, erhält man die Prozentpunkte durch Abzählen; liegen gruppierte Beobachtungswerte vor, so erhält man den gesuchten Prozentpunkt durch lineare Interpolation[18]*) in der Klasse, in der die empirische Verteilungsfunktion den vorgegebenen Wert (z. B. P = 0,75) überschreitet.*

● **Beispiel 16**

Man ermittle den 25%-Punkt und den 75%-Punkt für Beispiel 5

a) aus den gruppierten Beobachtungswerten (Tabelle 3),

b) aus den ungruppierten Beobachtungswerten.

Lösung zu a): Der 25 %-Punkt $x_{0,25}$ ist der Wert auf der x-Achse, der von 25 % der Beobachtungswerte nicht überschritten wird. Die empirische Verteilungsfunktion überschreitet den Wert, 0,25 in der 4. Klasse. In dieser Klasse ist also linear zu interpolieren, um den Punkt $x_{0,25}$ zu erhalten, für den gilt: $F(x_{0,25}) = 0,25$.

Zur Verdeutlichung zeichnen wir das entsprechende Dreieck nach Tabelle 3.

Abbildung 6

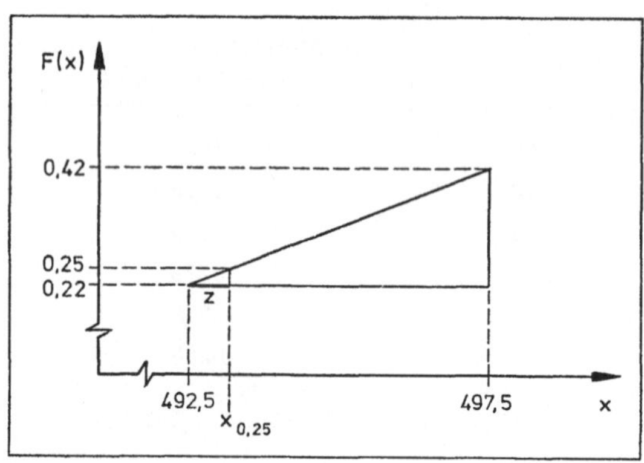

Gesucht wird die mit z bezeichnete Strecke. Wegen der Ähnlichkeit der Dreiecke gilt:

$$\frac{497,5 - 492,5}{0,42 - 0,22} = \frac{z}{0,25 - 0,22},$$

woraus folgt: $z = 0,75$

und damit: $x_{0,25} = 492,5 + z = 493,25$

Aussage: 25 % der kontrollierten 500-g-Packungen hatten ein Füllgewicht, das den Wert $x_{0,25} = 493,25$ g nicht überschritt (oder: 75 % hatten ein Füllgewicht, das diesen Wert nicht unterschritt).

18) Unter der gleichen Voraussetzung wie bei der Berechnung des Medians.

Der 75 %-Punkt $x_{0,75}$ liegt in der 6. Klasse, da hier der Wert $F(x_{0,75}) = 0,75$ überschritten wird. Zeichnet man sich das entsprechende Dreieck heraus, so findet man:

$$\frac{507,5 - 502,5}{0,82 - 0,64} = \frac{z}{0,75 - 0,64},$$

$$z = 3,0\overline{5}$$

und damit $$x_{0,75} = 502,5 + z \approx 505,56.$$

Lösung zu b): 25 % der n = 50 Beobachtungswerte sind 12,5. Der 25 %-Punkt, ermittelt aus den ungruppierten Beobachtungswerten, ist daher das arithmetische Mittel aus dem 12. und dem 13. Rangwert:

$$x_{0.25} = \tfrac{1}{2}(x_{[12]} + x_{[13]})$$

Die ersten 11 Rangwerte liegen in den Klassen 1 bis 3, d. h., für sie gilt $x_{[\nu]} \leq 492,5$ (Tabelle 3). Wir müssen nur noch die Rangwerte $x_{[12]}$, $x_{[13]}$ (also die kleinsten Beobachtungswerte > 492,5) aus der Urliste des Beispiels 5 bestimmen. Wir erhalten hierfür:

$$x_{[12]} = 493,1;$$

$$x_{[13]} = 493,9.$$

Also ist der 25 %-Punkt

$$x_{0,25} = \tfrac{1}{2}(493,1 + 493,9) = 493,5.$$

Der geringe Unterschied zu $x_{0,25}$ aus a) ist bedingt durch die nicht völlig zutreffende Annahme der gleichmäßigen Verteilung der Beobachtungswerte in der 4. Klasse.

75 % der 50 Beobachtungswerte sind 37,5. Daher wird der 75 %-Punkt hier ermittelt als

$$x_{0,75} = \tfrac{1}{2}(x_{[37]} + x_{[38]}).$$

Die ersten 32 Rangwerte liegen in den Klassen 1 bis 5 (für sie gilt $x_{[\nu]} \leq 502,5$; siehe Tabelle 3). Die folgenden Rangwerte müssen wir aus der Urliste bestimmen. Wir erhalten:

$$x_{[33]} = 502,6; \ldots; x_{[37]} = 504,7; x_{[38]} = 505,4$$

und damit

$$x_{0,75} = \tfrac{1}{2}(504,7 + 505,4) = 505,05.$$

Übungsaufgabe 8

Man berechne den 20 %-Punkt und den 80 %-Punkt zu Übungsaufgabe 1.

Übungsaufgabe 9

Man berechne den 25 %-Punkt und den 75 %-Punkt aus den gruppierten Beobachtungswerten der Übungsaufgabe 2.

V. Streuungsmaße

1. Empirische Varianz und Standardabweichung

Die Lokalisationsmaße gestatten es uns, eine Stelle der Merkmalsachse anzugeben, auf der die Beobachtungswerte im Mittel lokalisiert sind. Genauso interessiert aber meist eine Angabe darüber, wie eng sich die einzelnen Beobachtungswerte um diesen Mittelwert gruppieren oder — anders ausgedrückt — wie sie um den Mittelwert streuen. Angaben hierüber lassen sich mit Hilfe von Streuungsmaßen machen, die also die gesamte Information über die Streuung einer Anzahl von Beobachtungswerten auf der Merkmalsachse in einer reellen Zahl zusammenfassen.

Wir wollen uns zur Illustration des Streuungsbegriffes vorstellen, daß zusätzlich zu Beispiel 4 eine weitere Stichprobe von 10 Packungen erhoben wurde, deren Füllgewichte Beispiel 17 zu entnehmen sind.

● **Beispiel 17**

Füllgewichte von 10 500-g-Packungen, gerundet auf ganze Gramm:

501 499 502 504 500 505 498 504 501 506.

In diesem Beispiel, wie auch im Beispiel 4, erhält man durch Anwendung der Formel (1) ein arithmetisches Mittel von $\overline{x} = 502$ g.

Wenn wir aber die einzelnen Beobachtungswerte auf der Merkmalsachse auftragen, sehen wir, daß die Werte des Beispiels 4 stärker um das gemeinsame arithmetische Mittel streuen als die Werte des Beispiels 17 (vgl. Abbildung 7).

Abb. 7: Streuung von Beobachtungswerten

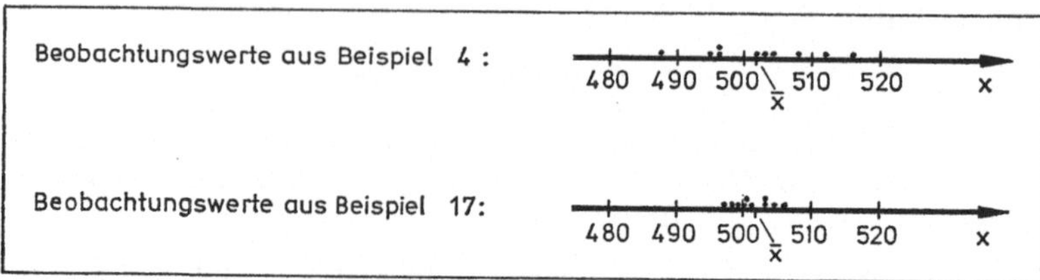

Das in der Praxis (sowie auch für theoretische Betrachtungen) am häufigsten angewandte Streuungsmaß ist die e m p i r i s c h e V a r i a n z, *die uns die Streuung der Beobachtungswerte um das arithmetische Mittel $\overline{x}$ angibt.*

Die empirische Varianz ist wie folgt definiert:

für ungruppierte Beobachtungswerte:

$$s^2_x = \frac{1}{n} \sum_{\nu=1}^{n} (x_\nu - \overline{x})^2 \tag{12}$$

für grupppierte Beobachtungswerte:

(13) $$s^2_x = \frac{1}{n} \sum_{i=1}^{k} (x_i - \bar{x})^2 n_i$$

Zur Berechnung der empirischen Varianz für ungruppierte Beobachtungswerte werden also die Abweichungen der einzelnen Beobachtungswerte vom arithmetischen Mittel $(x_\nu - \bar{x})$ herangezogen. Die Summe dieser Abweichungen ist in jedem Falle gleich 0:

(14) $$\sum_{\nu=1}^{n} (x_\nu - \bar{x}) = 0;$$

denn die Summe der positiven Abweichungen $(x_\nu > \bar{x})$ wird stets gerade von der Summe der negativen Abweichungen $(x_\nu < \bar{x})$ aufgewogen. Durch Quadrieren der einzelnen Abweichungen vermeidet man, daß negative Werte gegen positive aufgerechnet werden; man erhält mit s^2 ein vernünftiges Streuungsmaß, dessen Maßeinheit (wegen des Quadrierens der Abweichungen) das Quadrat der ursprünglichen Maßeinheit ist, z. B. x_ν gemessen in mm, s^2_x gemessen in mm^2.

Benötigt man ein Streuungsmaß mit der Maßeinheit der Beobachtungswerte, so verwendet man die positive Wurzel aus s^2, die empirische Standardabweichung genannt wird:

(15) $$s_x = + \sqrt{s^2_x}$$

Bei gruppierten Beobachtungswerten tritt an die Stelle der einzelnen Beobachtungswerte x_ν die Klassenmitte x_i (Informationsverlust). Die Abweichungen der Klassenmitten vom arithmetischen Mittel $(x_i - \bar{x})$ werden quadriert, da analog Formel (14) für gruppierte Beobachtungswerte gilt:

(16) $$\sum_{i=1}^{k} (x_i - \bar{x}) n_i = 0.$$

Die folgenden Beispiele dienen der Erläuterung der numerischen Berechnung von empirischer Varianz und Standardabweichung.

● **Beispiel 18**

Man berechne die empirische Standardabweichung s_x für die Beobachtungswerte der Beispiele 4 und 17.

Lösung: Das arithmetische Mittel in beiden Beispielen war $\bar{x} = 502$ g. Es handelt sich um ungruppierte Beobachtungswerte, also ist die Formel (12) anzuwenden. Die Bedeutung der Spalten (4) und (8) der Tabelle 9 wird später erläutert.

Tab. 9: Rechentabelle

	Beispiel 4				Beispiel 17			
ν	x_ν	$x_\nu - \bar{x}$	$(x_\nu - \bar{x})^2$	x_ν^2	x_ν	$x_\nu - \bar{x}$	$(x_\nu - \bar{x})^2$	x_ν^2
(0)	(1)	(2)	(3)	(4)	(5)	(6)	(7)	(8)
1	495	— 7	49	245 025	501	— 1	1	251 001
2	502	0	0	252 004	499	— 3	9	249 001
3	512	+ 10	100	262 144	502	0	0	252 004
4	496	— 6	36	246 016	504	+ 2	4	254 016
5	508	+ 6	36	258 064	500	— 2	4	250 000
6	503	+ 1	1	253 009	505	+ 3	9	255 025
7	496	— 6	36	246 016	498	— 4	16	248 004
8	504	+ 2	4	254 016	504	+ 2	4	254 016
9	516	+ 14	196	266 256	501	— 1	1	251 001
10	488	— 14	196	238 144	506	+ 4	16	256 036
		0	654	2 520 694		0	64	2 520 104

Zu Beispiel 4:

$$s^2_x = \frac{1}{10} \sum_{\nu=1}^{10} (x_\nu - 502)^2$$

$$= \frac{1}{10}\, 654 = 65{,}4 \text{ g}^2$$

$$s_x \approx 8{,}087027 \text{ g}$$

Zu Beispiel 17:

$$s^2_x = \frac{1}{10} \sum_{\nu=1}^{10} (x_\nu - 502)^2$$

$$= \frac{1}{10}\, 64 = 6{,}4 \text{ g}^2$$

$$s_x \approx 2{,}529822 \text{ g}$$

Aussage: Ein Vergleich der empirischen Standardabweichungen $\left(\frac{8{,}087027 \text{ g}}{2{,}529822 \text{ g}} \approx 3{,}20\right)$ zeigt, daß die Beobachtungswerte des Beispiels 4 ungefähr 3,2mal so stark um das arithmetische Mittel streuen wie die Beobachtungswerte des Beispiels 17.

● **Beispiel 19**

Man berechne die empirische Standardabweichung für die Häufigkeitsverteilung des Beispiels 5 (Tabelle 3).

Lösung: Das arithmetische Mittel ist $\bar{x} = 499{,}4$ g (siehe Beispiel 10). Es handelt sich um gruppierte Beobachtungswerte, also ist die

Formel (13) anzuwenden. Die Bedeutung der Spalte 7 der Tabelle 10 wird später erklärt.

Tab. 10: Rechentabelle

i	x_i	n_i	$x_i - \bar{x}$	$(x_i - \bar{x})n_i$	$(x_i - \bar{x})^2$	$(x_i - \bar{x})^2 n_i$	$x_i^2 n_i$
(0)	(1)	(2)	(3)	(4)	(5)	(6)	(7)
1	480	1	— 19,4	— 19,4	376,36	376,36	230 400
2	485	3	— 14,4	— 43,2	207,36	622,08	705 675
3	490	7	— 9,4	— 65,8	88,36	618,52	1 680 700
4	495	10	— 4,4	— 44,0	19,36	193,60	2 450 250
5	500	11	+ 0,6	+ 6,6	0,36	3,96	2 750 000
6	505	9	+ 5,6	+ 50,4	31,36	282,24	2 295 225
7	510	6	+ 10,6	+ 63,6	112,36	674,16	1 560 600
8	515	2	+ 15,6	+ 31,2	243,36	486,72	530 450
9	520	1	+ 20,6	+ 20,6	424,36	424,36	270 400
		n = 50		0		3 682,00	12 473 700

$$s^2_x = \frac{1}{50} \sum_{i=1}^{9} (x_i - 499{,}4)^2 n_i$$

$$= \frac{1}{50} 3682 = 73{,}64 \text{ g}^2$$

$$s_x \approx 8{,}581375 \text{ g}$$

A u s s a g e: Vergleichen wir die empirischen Standardabweichungen des Beispiels 5 mit denjenigen der Beispiele 4 und 17, so erhalten wir die Ergebnisse

$$\frac{8{,}581375 \text{ g}}{8{,}087027 \text{ g}} \approx 1{,}06$$

bzw.

$$\frac{8{,}581375 \text{ g}}{2{,}529822 \text{ g}} \approx 3{,}39.$$

Ein solcher direkter Vergleich zweier Standardabweichungen, wie er in den Beispielen 18 und 19 vorgenommen wurde, ist nur sinnvoll, wenn die beobachteten Merkmale die gleiche Maßeinheit haben und die arithmetischen Mittelwerte nicht stark voneinander abweichen.

Bei der Berechnung der empirischen Varianz aus gruppiertem Beobachtungsmaterial wird sich — wie beim arithmetischen Mittel — ein I n f o r m a t i o n s v e r l u s t bemerkbar machen, wenn verschiedene Merkmalsausprägungen zu Klassen zusammengefaßt worden sind.

Liegt aus einer Erhebung das Beobachtungsmaterial in gruppierter und ungruppierter Form vor, so wird in der Regel der genaue Wert von s^2 (aus dem ungruppierten Beobachtungsmaterial) kleiner sein als der Näherungswert (aus der Häufigkeitsverteilung).

Für die numerische Berechnung empirischer Varianzen ist oftmals die Formel

(17) $$\boxed{s^2_x = \overline{x^2} - \bar{x}^2,}$$

die für ungruppierte und gruppierte Beobachtungswerte gilt, nützlicher als die Definitionsgleichungen (12) und (13).

In der Formel (17) bedeutet $\bar{x}^2$ das Quadrat des arithmetischen Mittels $\bar{x}$ und $\overline{x^2}$ das arithmetische Mittel der quadrierten Beobachtungswerte, also:

für ungruppierte Beobachtungswerte:

(18) $$\overline{x^2} = \frac{1}{n} \sum_{\nu=1}^{n} x_\nu^2$$

für gruppierte Beobachtungswerte:

(19) $$\overline{x^2} = \frac{1}{n} \sum_{i=1}^{k} x_i^2 n_i$$

Die Formel (17) kann man auch zu Kontrollrechnungen verwenden, wenn eine nach Formel (12) oder (13) berechnete empirische Varianz überprüft werden soll.

● **Beispiel 20**

Man überprüfe die nach Formel (12) berechnete empirische Varianz mit der Formel (17)

a) für das Beispiel 4,

b) für das Beispiel 17.

Lösung: Benötigt werden für die Anwendung der Formel (17) $\overline{x^2}$ und $\bar{x}^2$. Da es sich um ungruppierte Beobachtungswerte handelt, wird $\overline{x^2}$ nach Formel (18) berechnet:

$$\overline{x^2} = \frac{1}{10} \sum_{\nu=1}^{10} x_\nu^2$$

a) B e i s p i e l 4 :

Die Quadrate der Beobachtungswerte wurden in Spalte (4) der Tabelle 9 zu Beispiel 18 ermittelt, ihre Summe beträgt $\sum_{\nu=1}^{10} x_\nu^2 = 2\,520\,694$.

Damit bekommt man:

$$\overline{x^2} = \frac{1}{10} \sum_{\nu=1}^{10} x_\nu^2$$

$$= \frac{1}{10}\, 2\,520\,694 = 252\,069{,}4.$$

Das Quadrat des arithmetischen Mittels ist

$$\bar{x}^2 = 502^2 = 252\,004.$$

Aus diesen Werten erhält man nach Formel (17):

$$s^2_x = \overline{x^2} - \bar{x}^2$$

$$= 252\,069{,}4 - 252\,004 = 65{,}4 \text{ g}^2,$$

also den gleichen Wert wie im 1. Teil des Beispiels 18.

b) Beispiel 17:

Für das Beispiel 17 ist nach Spalte (8) der Tabelle 9

$$\sum_{\nu=1}^{10} x_\nu^2 = 2\,520\,104.$$

Also gilt:

$$\overline{x^2} = \frac{1}{10} \sum_{\nu=1}^{10} x_\nu^2$$

$$= \frac{1}{10}\, 2\,520\,104 = 252\,010{,}4.$$

Weiterhin ist $\bar{x}^2 = 502^2 = 252\,004$

und damit

$$s^2_x = \overline{x^2} - \bar{x}^2$$

$$= 252\,010{,}4 - 252\,004 = 6{,}4 \text{ g}^2.$$

(Gleicher Wert wie im 2. Teil des Beispiels 18.)

● **Beispiel 21**

Man überprüfe die nach (12) berechnete empirische Varianz des Beispiels 5 mit der Formel (17).

Lösung: Zur Berechnung von s^2_x nach Formel (17) werden $\overline{x^2}$ und $\bar{x}^2$ benötigt.

$$\overline{x^2} = \frac{1}{50} \sum_{i=1}^{9} x_i^2\, n_i$$

Die Summe ist der Spalte (7) der Tabelle 10 in Beispiel 19 zu entnehmen, also:

$$\overline{x^2} = \frac{1}{50}\ 12\,473\,700 = 249\,474;$$

$$\bar{x}^2 = 499{,}4^2 = 249\,400{,}36.$$

Damit gilt:

$$s^2_x = \overline{x^2} - \bar{x}^2$$

$$= 249\,474 - 249\,400{,}36 = 73{,}64\ g^2.$$

(Gleiches Ergebnis wie in Beispiel 19.)

Übungsaufgabe 10

Man berechne empirische Varianz und Standardabweichung zu Übungsaufgabe 1.

Übungsaufgabe 11

Man berechne empirische Varianz und Standardabweichung zu Übungsaufgabe 2.

Übungsaufgabe 12

Man berechne empirische Varianz und Standardabweichung zu Beispiel 7.

2. Variationskoeffizient

In den Beispielen 18 und 19 waren die empirischen Standardabweichungen gut miteinander zu vergleichen, da die Beobachtungswerte jeweils die gleiche Maßeinheit (g) aufwiesen und die arithmetischen Mittelwerte sich wenig unterschieden.

Will man hingegen Streuungen vergleichen, die sich auf Beobachtungen von Merkmalsausprägungen mit verschiedenen Maßeinheiten beziehen (z. B. einmal Gramm, einmal Meter), so kann man das nur über ein dimensionsloses Streuungsmaß[19] *erreichen. Als dimensionsloses Streuungsmaß benutzt man im allgemeinen den Variationskoeffizienten* V_x.

(20) $$V_x = \frac{s_x}{\bar{x}}$$

19) Ein Streuungsmaß ohne Maßeinheit.

Der Variationskoeffizient wird auch zum Vergleich von Standardabweichungen gleicher Maßeinheit verwendet, wenn die arithmetischen Mittel wesentlich voneinander abweichen.

3. Prozentbreiten, in denen ein vorgegebener Anteil von Beobachtungswerten liegt

Ist man daran interessiert, zu erfahren, auf welches Intervall der Merkmalsachse ein bestimmter Prozentsatz der Beobachtungswerte entfällt, verwendet man die Prozentbreiten.

So kann es im Beispiel 5 von Interesse sein, zu erfahren, auf welches Intervall sich die 50 % der „mittleren" Beobachtungswerte verteilen. Diese „mittleren" 50 % seien so entstanden, daß wir vom gesamten Beobachtungsmaterial die 25 % kleinsten und die 25 % größten Beobachtungswerte abgezogen haben.

Das gesuchte Intervall (der 50 % „mittleren" Beobachtungswerte) können wir dann durch den 25 %-Punkt und den 75 %-Punkt angeben; denn $x_{0,75}$ ($x_{0,25}$) ist der Punkt auf der Merkmalsachse, der von 75 % (25 %) der Beobachtungswerte nicht überschritten wird. Dieses hier betrachtete Intervall wird in der Statistik als z e n t r a l e 50 % - B r e i t e bezeichnet. In Abbildung 8 ist eine solche zentrale 50 %-Breite skizziert.

Abb. 8: Zentrale 50 %-Breite

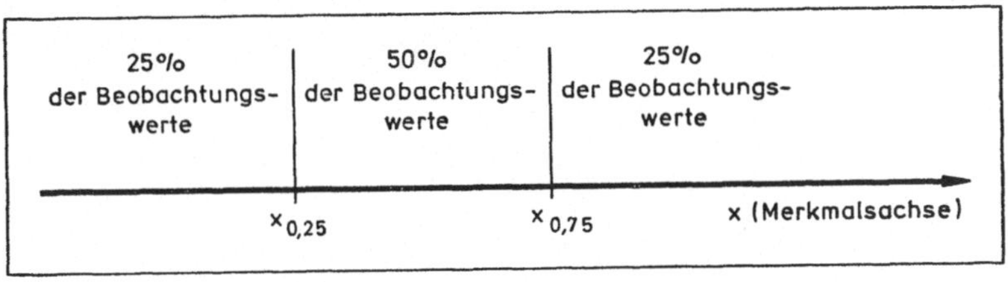

Andere zentrale Prozentbreiten berechnet man ganz entsprechend.

Analog zu diesen zentralen Prozentbreiten kann man auch beliebig n i c h t - z e n t r a l e P r o z e n t b r e i t e n aus einem Beobachtungsmaterial ermitteln.

● **Beispiel 22**

Man gebe zu Beispiel 5 die zentrale 50 %-Breite an.

Lösung:

$$x_{0,25} = 493{,}25 \text{ g}$$

$$x_{0,75} = 505{,}56 \text{ g}$$

(siehe Beispiel 16).

A u s s a g e : Die zentralen 50 % der Beobachtungswerte verteilen sich auf das Intervall 493,25 g bis 505,56 g.

Übungsaufgabe 13

Man ermittle aus Übungsaufgabe 1 die zentrale 60 %-Breite.

Übungsaufgabe 14

Man ermittle aus Übungsaufgabe 2 die zentrale 50 %-Breite.

C. Beschreibung zweier Merkmale

Lernziel

Nachdem Sie diesen Abschnitt durchgearbeitet haben, sollten Sie Ihnen vorliegendes statistisches Beobachtungsmaterial (aus der Beobachtung *zweier* Merkmale am *gleichen* Merkmalsträger) beschreiben können, und zwar ggf. durch

— Häufigkeitsverteilungen,

— Angabe eines linearen Zusammenhangs im Mittel.

I. Beobachtungsdoppelreihe, Streuungsdiagramm

Bei der Beschreibung *eines* Merkmals sind wir von den Ausprägungen dieses einen Merkmals ausgegangen, die wir am Merkmalsträger beobachtet haben (siehe Beispiel 1).

Wir wollen jetzt dazu übergehen, zwei Merkmale zu beschreiben, deren Ausprägungen wir am gleichen Merkmalsträger beobachten. So könnte man z. B. bei einzelnen Unternehmen den Umsatz und die Rendite beobachten (d. h., die Ausprägungen der Merkmale Umsatz und Rendite werden am Merkmalsträger Unternehmen gemessen). In dieser Art gibt es eine Fülle von Möglichkeiten, von denen Tabelle 11 einige Beispiele enthält.

Tabelle 11

Merkmalsträger	beobachtete Merkmale
Unternehmen	Umsatz, Rendite
Unternehmen	Werbeaufwendungen, Umsatz
Aktiengesellschaft	Grundkapital, Dividende
Student	Gewicht, Größe
Student	Note in Betriebswirtschaftslehre und in Volkswirtschaftslehre
Patient	Gewicht, Blutdruck

Das Ziel solcher Betrachtungen wird schließlich sein, zu erkennen, ob zwischen den beiden jeweils betrachteten Merkmalen irgendwelche „Zusammenhänge" bestehen.

Zur Einführung in die bei solchen Untersuchungen gebräuchlichen Begriffe wollen wir diesmal kein Beispiel aus der Wirtschaft verwenden, sondern ein wegen seiner Einsichtigkeit in der Statistik bevorzugtes Musterbeispiel heranziehen: An Studenten, den Merkmalsträgern, werden die Ausprägungen der Merkmale Gewicht und Größe gemessen.

Alle für die Beschreibung zweier Merkmale allgemein wichtigen Fragestellungen lassen sich an diesem Beispiel klar aufzeigen und danach unmittelbar auf wirtschaftliche Probleme beziehen.

● **Beispiel 23**

An 70 zufällig ausgewählten Studenten im Alter von 19 bis 22 Jahren wurden das Gewicht in kg (Beobachtungswerte x_ν) und die Größe in cm (Beobachtungswerte y_ν) gemessen. Es ergaben sich die in Tabelle 12 genannten Meßwerte.

Tabelle 12

ν	x_ν	y_ν	ν	x_ν	y_ν	ν	x_ν	y_ν	ν	x_ν	y_ν	ν	x_ν	y_ν
1	71	177	15	72	176	29	66	162	43	68	170	57	84	185
2	74	184	16	62	170	30	80	179	44	74	178	58	104	197
3	92	186	17	73	183	31	77	173	45	83	180	59	69	173
4	78	173	18	100	189	32	100	193	46	82	185	60	77	165
5	66	167	19	91	182	33	89	181	47	70	172	61	88	174
6	78	177	20	46	161	34	87	174	48	93	186	62	68	171
7	63	170	21	73	178	35	75	185	49	101	190	63	79	174
8	58	163	22	72	175	36	64	172	50	73	177	64	97	181
9	75	183	23	76	173	37	62	171	51	91	184	65	65	175
10	52	168	24	58	163	38	69	172	52	81	179	66	81	180
11	93	187	25	80	179	39	82	181	53	61	168	67	95	188
12	71	175	26	85	184	40	70	172	54	57	161	68	60	164
13	61	169	27	84	186	41	99	187	55	63	176	69	83	184
14	67	165	28	59	167	42	94	194	56	67	169	70	88	175

Eine solche Urliste von Paaren (x_ν, y_ν) von Beobachtungswerten (die stets so geordnet sind, daß an erster Stelle der x-Wert und an zweiter Stelle der am selben Merkmalsträger beobachtete y-Wert steht) nennt man auch Beobachtungsdoppelreihe.

Wir können nun dieses uns in Form der Beobachtungsdoppelreihe vorliegende Beobachtungsmaterial zunächst mit den uns bekannten statistischen Maßzahlen beschreiben. Aus dem ungruppierten Beobachtungsmaterial könnten wir so z. B. für das Gewicht und die Größe jeweils das arithmetische Mittel und die empirische Varianz ausrechnen.

(Wir verzichten an dieser Stelle darauf, weil wir die Größen $\overline{x}$, $\overline{y}$, s^2_x, s^2_y später einfacher aus dem gruppierten Material berechnen werden.)

Damit würden wir, wie schon im Kapitel B, jedoch nur jeweils *ein* Merkmal isoliert beschreiben, während wir uns in diesem Kapitel das Ziel gesetzt haben, Zusammenhänge zwischen den betrachteten Merkmalen zu erkennen.

Eine statistische Maßzahl, zu deren Berechnung die Ausprägungen beider am selben Merkmalsträger beobachteten Merkmale herangezogen werden, ist die empirische Kovarianz.

Sie ist für ungruppierte Beobachtungswerte definiert als

(21)
$$\text{cov}(x, y) = \frac{1}{n} \sum_{\nu=1}^{n} (x_\nu - \overline{x})(y_\nu - \overline{y})$$

Diese Maßzahl wollen wir hier zunächst nur als eine der empirischen Varianz nachgebildete Rechengröße einführen (die im Gegensatz zur empirischen Varianz auch negative Werte annehmen kann). Die eigentliche Bedeutung der empirischen Kovarianz werden wir erst später erkennen.

Analog zur Formel (17) bei der empirischen Varianz gibt es auch für die empirische Kovarianz eine zweite, oft einfachere Berechnungsmöglichkeit. Es gilt

(22)
$$\text{cov}(x, y) = \overline{xy} - \overline{x} \cdot \overline{y}$$

mit

(23)
$$\overline{xy} = \frac{1}{n} \sum_{\nu=1}^{n} x_\nu y_\nu \qquad \text{(für ungruppierte Beobachtungen)}$$

Das bedeutet: Die empirische Kovarianz ist darstellbar als die Differenz zwischen arithmetischem Mittel der Produkte der Beobachtungswerte (23) und dem Produkt der beiden arithmetischen Mittel der Beobachtungswerte $\overline{x} \cdot \overline{y}$.

Wegen des Rechenaufwandes wollen wir die empirische Kovarianz für das Beispiel 23 an dieser Stelle nicht bestimmen.

Im Kapitel B hatten wir die in der Urliste enthaltenen Beobachtungswerte geometrisch als Punkte auf der Merkmalsachse interpretiert.

Bei der Betrachtung zweier Merkmale lassen sich die Wertepaare (x_ν, y_ν) der Beobachtungsdoppelreihe als Punkte in der Merkmalsebene darstellen. Den Punktschwarm, den man durch Auftragen der Beobachtungspaare in der Merkmalsebene erhält, bezeichnet man als Streuungsdiagramm.

In Abbildung 9 ist ein solches Streuungsdiagramm dargestellt.

Abb. 9: Streuungsdiagramm zu Beispiel 23

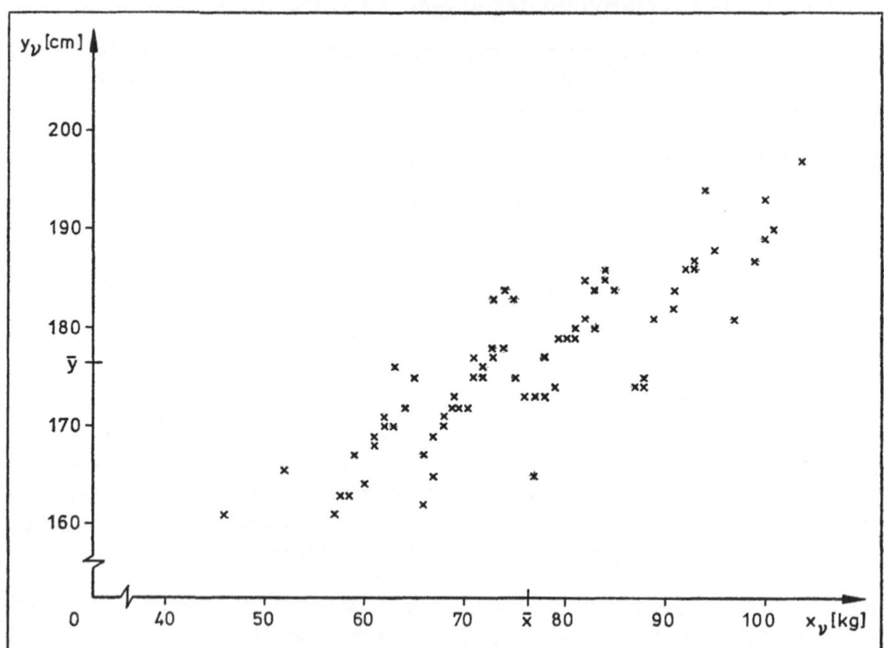

Übungsaufgabe 15

Ein Industrieunternehmen stellt für einen eingeführten Markenartikel die in den Jahren 1968 bis 1975 erzielten Gewinne (Y) den Werbeaufwendungen (X) gegenüber. Man berechne die arithmetischen Mittelwerte, die empirischen Varianzen und die empirische Kovarianz.

Tabelle 13

Jahr	Werbe-aufwendungen x_ν in Mio. DM	Gewinne y_ν in Mio. DM
1968	2,2	20,5
1969	2,0	21,8
1970	2,1	21,3
1971	2,5	26,5
1972	3,0	25,8
1973	2,8	26,3
1974	3,2	27,8
1975	3,0	30,0

II. Gruppierung der Beobachtungswerte, Häufigkeitsverteilungen

Wie schon im eindimensionalen Falle die Urliste, so verliert auch die Beobachtungsdoppelreihe an Übersichtlichkeit, wenn sie eine zu große Anzahl von Beobachtungswerten enthält. Aus diesem Grunde wird man bei umfangreichem Beobachtungsmaterial wiederum Klasseneinteilungen, und zwar für jedes der beiden beobachteten Merkmale, vornehmen. Für solche Klasseneinteilungen sind die in Abschnitt B II beschriebenen Prinzipien zu beachten.

Geometrisch entspricht einer solchen Klasseneinteilung auf beiden Merkmalsachsen eine Aufteilung des Streuungsdiagramms in Rechtecke (vgl. weiter unten Abbildung 10).

Beispiel 24 zeigt die Bildung von Klassen für ein vorliegendes Beobachtungsmaterial.

● **Beispiel 24**

a) In Beispiel 23 nehme man für die Merkmale X (Gewicht) und Y (Größe) Klasseneinteilungen unter folgenden Bedingungen vor: Die Klassenbreite bei X (Y) sei einheitlich 10 kg (8 cm), die Klassenmitte der 1. (kleinsten) Klasse sei $x_1 = 50$ kg ($y_1 = 162$ cm).

b) Man zeichne die durch die Klasseneinteilung in der Merkmalsebene entstehenden Rechtecke und zähle aus, wieviel Beobachtungspaare in jedes Rechteck fallen.

Lösung zu a): Auf der x-Achse sollen äquidistante Klassen gebildet werden. Der größte Beobachtungswert ist $x_{58} = 104$ kg. Unter Berücksichtigung der in der Aufgabe angegebenen Bedingungen erhält man 6 Gewichtsklassen, wie Tabelle 14 zeigt.

Tabelle 14

Klassennummer i	Beobachtungswerte x_ν [kg] mit $\tilde{x}_{i-1} < x_\nu \leq \tilde{x}_i$	Klassenmitte x_i
1	$45 < x_\nu \leq 55$	50
2	$55 < x_\nu \leq 65$	60
3	$65 < x_\nu \leq 75$	70
4	$75 < x_\nu \leq 85$	80
5	$85 < x_\nu \leq 95$	90
6	$95 < x_\nu \leq 105$	100

Auf der y-Achse sollen äquidistante Klassen gebildet werden. Der größte Beobachtungswert ist $y_{58} = 197$ cm. Unter Berücksichtigung der angegebenen Bedingungen erhält man 5 Größenklassen, wie Tabelle 15 angibt.

Tabelle 15

Klassennummer j	Beobachtungswerte y_ν [cm] mit $\tilde{y}_{j-1} < y_\nu \leq \tilde{y}_j$	Klassenmitte y_j
1	$158 < y_\nu \leq 166$	162
2	$166 < y_\nu \leq 174$	170
3	$174 < y_\nu \leq 182$	178
4	$182 < y_\nu \leq 190$	186
5	$190 < y_\nu \leq 198$	194

Lösung zu b): Die gewonnenen Klasseneinteilungen können wir in das Streuungsdiagramm (Abbildung 9) eintragen. Dann zählen wir aus, wieviel Punkte in jedes Rechteck entfallen. Dabei ist zu beachten, daß gemäß den Klasseneinteilungen jeweils die auf dem rechten und dem oberen Rand eines Rechtecks liegenden Punkte für dieses Rechteck mitgezählt werden. (Läge das Streuungsdiagramm nicht vor, würde man aus der Beobachtungsdoppelreihe direkt auszählen, wieviel Beobachtungspaare in jedes Rechteck fallen.) Man kommt dabei zu den in Abbildung 10 gezeigten Rechtecken mit den entsprechenden Belegungszahlen.

Abb. 10: Klasseneinteilungen

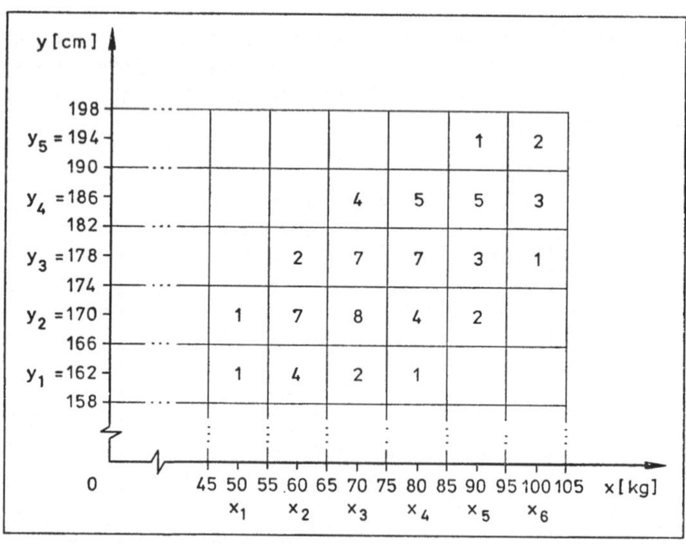

Die Bezeichnungen der Tabelle 14 sind uns bereits aus Abschnitt B II geläufig. In Tabelle 15 wurde für die Klassenummern des Merkmals Y (Größe) der Index $j = 1, 2, \ldots, 5$ eingeführt. Allgemein wollen wir künftig schreiben

$$j = 1, 2, \ldots, l$$

Die anderen Bezeichnungen entsprechen dann den bisher verwendeten, also

y_j = Klassenmitte der j-ten Klasse,

$\tilde{y}_j$ = oberer Wechselpunkt der j-ten Klasse.

Die Abbildung 10 gibt uns Auskunft darüber, wie sich für Beispiel 23 die gesamte absolute Häufigkeit von n = 70 Beobachtungspaaren auf die einzelnen Rechtecke verteilt. Aus dieser Sicht stellt sie also eine Häufigkeitsverteilung dar, und zwar eine zweidimensionale Verteilung der absoluten Häufigkeiten. Üblicherweise wählt man für eine solche Häufigkeitsverteilung eine Tabellenform mit von oben nach unten zunehmenden Klassenmitten x_i (das entspricht dem Vorgehen bei nur einem Merkmal, siehe Tabelle 3) und von links nach rechts zunehmenden Klassenmitten y_j (siehe Tabelle 16), Die absolute Häufigkeit, die auf das durch x_i und y_j bestimmte Rechteck entfällt, bezeichnet man mit n_{ij}. Die Bedeutung der in der letzten Spalte und der letzten Zeile der Tabelle 16 enthaltenen Zahlen $n_{i.}$ bzw. $n_{.j}$ wird später erläutert.

Tab. 16: Zweidimensionale Häufigkeitsverteilung zu den Beispielen 23 und 24

i ↓ / j →	$y_1 = 162$	$y_2 = 170$	$y_3 = 178$	$y_4 = 186$	$y_5 = 194$	$n_{i.}$
$x_1 = 50$	$n_{11} = 1$	$n_{12} = 1$	$n_{13} = 0$	$n_{14} = 0$	$n_{15} = 0$	$n_{1.} = 2$
$x_2 = 60$	$n_{21} = 4$	$n_{22} = 7$	$n_{23} = 2$	$n_{24} = 0$	$n_{25} = 0$	$n_{2.} = 13$
$x_3 = 70$	$n_{31} = 2$	$n_{32} = 8$	$n_{33} = 7$	$n_{34} = 4$	$n_{35} = 0$	$n_{3.} = 21$
$x_4 = 80$	$n_{41} = 1$	$n_{42} = 4$	$n_{43} = 7$	$n_{44} = 5$	$n_{45} = 0$	$n_{4.} = 17$
$x_5 = 90$	$n_{51} = 0$	$n_{52} = 2$	$n_{53} = 3$	$n_{54} = 5$	$n_{55} = 1$	$n_{5.} = 11$
$x_6 = 100$	$n_{61} = 0$	$n_{62} = 0$	$n_{63} = 1$	$n_{64} = 3$	$n_{65} = 2$	$n_{6.} = 6$
$n_{.j}$	$n_{.1} = 8$	$n_{.2} = 22$	$n_{.3} = 20$	$n_{.4} = 17$	$n_{.5} = 3$	$n = 70$

Z. B. bedeutet $n_{32} = 8$[1]), daß 8 der insgesamt 70 Beobachtungspaare in das durch x_3 und y_2 bestimmte Rechteck fallen. Das sind die Beobachtungspaare (x_ν, y_ν), für die gilt:

$$65 < x_\nu \leq 75 \qquad \text{und} \qquad 166 < y_\nu \leq 174.$$

Die Tatsache, daß die absolute Häufigkeit n auf die einzelnen Rechtecke verteilt wird, kann man auch ausdrücken durch

$$\sum_{i=1}^{k} \sum_{j=1}^{l} n_{ij} = n, \tag{24}$$

d. h., durch Summierung über die Belegung aller Rechtecke kommt man wieder auf die Gesamtzahl der Beobachtungspaare n.

1) Lies: n drei zwei = 8.

Die Tabelle 16 enthält neben der zweidimensionalen Häufigkeitsverteilung noch eine Anzahl weiterer (eindimensionaler) Häufigkeitsverteilungen:

— Der 1. Spalte ($y_1 = 162$) entnehmen wir die Verteilung der 8 in diese Größenklasse entfallenden Beobachtungspaare auf die einzelnen Gewichtsklassen. Der 2. Spalte ($y_2 = 170$) entnehmen wir die Verteilung der 22 in diese Größenklasse entfallenden Beobachtungspaare auf die einzelnen Gewichtsklassen usw.

— Der 1. Zeile ($x_1 = 50$) entnehmen wir die Verteilung der 2 in diese Gewichtsklasse fallenden Beobachtungspaare auf die einzelnen Größenklassen usw.

Diese Häufigkeitsverteilungen nennt man b e d i n g t e V e r t e i l u n g e n der absoluten Häufigkeiten. Sie geben uns für Beispiel 23 an: die Verteilung der in eine Größenklasse j (Spalte) entfallenden Beobachtungspaare auf die einzelnen Gewichtsklassen (Zeilen) $i = 1, 2, \ldots, k$ bzw. die Verteilung der in eine Gewichtsklasse i (Zeile) entfallenden Beobachtungspaare auf die einzelnen Größenklassen (Spalten) $j = 1, 2, \ldots, l$.

Auch die „Ränder" der Tabelle 16 stellen Häufigkeitsverteilungen dar:

— Am unteren Rand ist abzulesen, wie sich die beobachteten 70 Körpergrößen y_ν auf die 5 Größenklassen verteilen.

— Am rechten Rand ist abzulesen, wie sich die beobachteten 70 Gewichte x_ν auf die 6 Gewichtsklassen verteilen.

Diese Verteilungen nennt man R a n d v e r t e i l u n g e n.

Insgesamt enthält also die Tabelle 16 $6 + 5 + 2 + 1$ Häufigkeitsverteilungen. Für den allgemeinen Fall beträgt diese Anzahl $k + l + 3$.

Mit den in Tabelle 16 benutzten Symbolen $n_{i.}$ und $n_{.j}$ bezeichnet man die a b s o l u t e n H ä u f i g k e i t e n d e r R a n d v e r t e i l u n g e n, die durch Summieren der absoluten Häufigkeiten in der i-ten Zeile bzw. der j-ten Spalte entstehen. Es gilt also

(25) $$\sum_{j=1}^{l} n_{ij} = n_{i.} \qquad \text{für alle } i = 1, \ldots, k$$

(26) $$\sum_{i=1}^{k} n_{ij} = n_{.j} \qquad \text{für alle } j = 1, \ldots, l$$

Beispiele: $i = 3;$ $$\sum_{j=1}^{5} n_{3j} = 2 + 8 + 7 + 4 + 0 = 21$$

$j = 2;$ $$\sum_{i=1}^{6} n_{i2} = 1 + 7 + 8 + 4 + 2 + 0 = 20$$

III. Abhängigkeit im Mittel (Regression)

Zu jeder der in Tabelle 16 enthaltenen Häufigkeitsverteilungen können wir jetzt das arithmetische Mittel und die empirische Varianz ausrechnen; denn diese Größen sind für alle denkbaren Häufigkeitsverteilungen erklärt.

● **Beispiel 25**

a) Man berechne für die beiden Randverteilungen der Tabelle 16 (Beispiel 24) jeweils den arithmetischen Mittelwert und die empirische Varianz.

b) Man berechne für die bedingten Verteilungen in der 3. Zeile und in der 2. Spalte jeweils den arithmetischen Mittelwert (bedingte Mittelwerte).

Lösung zu a): Wir schreiben uns die Randverteilungen aus Tabelle 16 heraus und verwenden sie gleichzeitig als Rechentabellen.

Tabelle 17

Randverteilung der Gewichte			Rechentabelle	
i	x_i	$n_{i.}$	$x_i n_{i.}$	$x_i^2 n_{i.}$
1	50	2	100	5 000
2	60	13	780	46 800
3	70	21	1 470	102 900
4	80	17	1 360	108 800
5	90	11	990	89 100
6	100	6	600	60 000
		$n = 70$	5 300	412 600

Die arithmetischen Mittel berechnen wir nach Formel (2)[2]):

$$\overline{x} = \frac{1}{70} \sum_{i=1}^{6} x_i n_i .$$

$$= \frac{1}{70} 5300 = 75{,}714286 \text{ kg (mittleres Gewicht)}$$

2) Die Ergebnisse sind gerundet.

Die empirischen Varianzen berechnen wir nach den Formeln (17) und (19) (einfacher als nach Formel (12))[3]):

$$\overline{x^2} = \frac{1}{70} \sum_{i=1}^{6} x_i^2 n_i .$$

$$= \frac{1}{70} 412\,600 = 5894{,}285714$$

$$s_x^2 = \overline{x^2} - \bar{x}^2$$

$$= 5894{,}285714 - 75{,}714286^2 = 161{,}632653$$

$$s_x = 12{,}713483 \text{ kg}$$

Tabelle 18

Randverteilung der Körpergrößen			Rechentabelle	
j	y_j	$n_{.j}$	$y_j n_{.j}$	$y_j^2 n_{.j}$
1	162	8	1 296	209 952
2	170	22	3 740	635 800
3	178	20	3 560	633 680
4	186	17	3 162	588 132
5	194	3	582	112 908
		n = 70	12 340	2 180 472

$$\bar{y} = \frac{1}{70} \sum_{j=1}^{5} y_j n_{.j}$$

$$= \frac{1}{70} 12\,340 = 176{,}285714 \text{ cm (mittlere Größe)}$$

$$\overline{y^2} = \frac{1}{70} \sum_{j=1}^{5} y_j^2 n_{.j}$$

$$= \frac{1}{70} 2\,180\,472 = 31\,149{,}6$$

$$s_y^2 = \overline{y^2} - \bar{y}^2$$

$$= 31\,149{,}6 - 176{,}285714^2 = 72{,}947039$$

$$s_y = 8{,}540904 \text{ cm}$$

Lösung zu b): Wir schreiben uns die benötigten bedingten Verteilungen aus Tabelle 16 heraus und erhalten so die Tabelle 19.

3) Die Ergebnisse sind gerundet.

Tabelle 19

Bedingte Verteilung: $i = 3; x_3 = 70$ kg				Bedingte Verteilung: $j = 2; y_2 = 170$ cm			
j	y_j	n_{3j}	$y_j n_{3j}$	i	x_i	n_{i2}	$x_i n_{i2}$
1	162	2	324	1	50	1	50
2	170	8	1 360	2	60	7	420
3	178	7	1 246	3	70	8	560
4	186	4	744	4	80	4	320
5	194	0	0	5	90	2	180
				6	100	0	0
		$n_{3.} = 21$	3 674			$n_{.2} = 22$	1 530

Auf 2 Stellen gerundet:

$$\bar{y}(x_3) = 174{,}95 \text{ cm}$$

$$\bar{x}(y_2) = 69{,}55 \text{ kg}$$

Die aus den bedingten Verteilungen berechneten arithmetischen Mittelwerte heißen b e d i n g t e M i t t e l w e r t e, und wir wollen die Bedingung jeweils in Klammern hinzufügen. So bedeutet $\bar{y}(x_i)$ die mittlere Größe in der i-ten Gewichtsklasse mit der Klassenmitte x_i, und $\bar{x}(y_j)$ bedeutet das mittlere Gewicht in der j-ten Größenklasse mit der Klassenmitte y_j. Die Formeln für die bedingten Mittelwerte lauten allgemein

(27) $$\bar{x}(y_j) = \frac{1}{n_{.j}} \sum_{i=1}^{k} x_i n_{ij} \qquad \text{für alle } j = 1, \ldots, l$$

(28) $$\bar{y}(x_i) = \frac{1}{n_{i.}} \sum_{j=1}^{l} y_j n_{ij} \qquad \text{für alle } i = 1, \ldots, k$$

Übungsaufgabe 16

Man berechne die bedingten Mittelwerte

$\bar{x}(y_j)$ für $j = 1, 3, 4, 5$;

$\bar{y}(x_i)$ für $i = 1, 2, 4, 5, 6$.

Die Ergebnisse aus der Übungsaufgabe 16 und dem Beispiel 25 b sind noch einmal in der Tabelle 20 zusammengestellt.

Tab. 20: Bedingte Mittelwerte

a) Mittlere Gewichte in Abhängigkeit von der Größenklasse			b) Mittlere Größen in Abhängigkeit von der Gewichtsklasse		
j	y_j	$\overline{x}(y_j)$[kg][4])	i	x_i	$\overline{y}(x_i)$ [cm][4])
1	162	63,75	1	50	166,00
2	170	69,55	2	60	168,77
3	178	77,00	3	70	174,95
4	186	84,12	4	80	177,53
5	194	96,67	5	90	181,64
			6	100	187,33

Eine solche Zuordnung der arithmetischen Mittelwerte eines Merkmals zu den Klassen des zweiten, am gleichen Merkmalsträger beobachteten Merkmals nennt man A b h ä n g i g k e i t i m M i t t e l oder R e g r e s s i o n.

Die Tabelle 20 enthält 2 Regressionsbeziehungen: Einmal wird jeder Körpergrößenklasse das in ihr berechnete mittlere Gewicht zugeordnet ($\overline{x}(y_j)$) und zum anderen jeder Gewichtsklasse die in ihr berechnete mittlere Körpergröße ($\overline{y}(x_i)$). Zur Veranschaulichung kann man beide Arten von bedingten Mittelwerten graphisch als Funktion der Bedingungen darstellen. Verbindet man in einer solchen Darstellung die einzelnen Punkte $\overline{x}(y_j)$ bzw. $\overline{y}(x_i)$ miteinander, so erhält man zwei Streckenzüge, die als e m p i r i s c h e R e g r e s s i o n s l i n i e n bezeichnet werden (vgl. Abbildung 11).

Abb. 11: Empirische Regressionslinien nach Tabelle 20

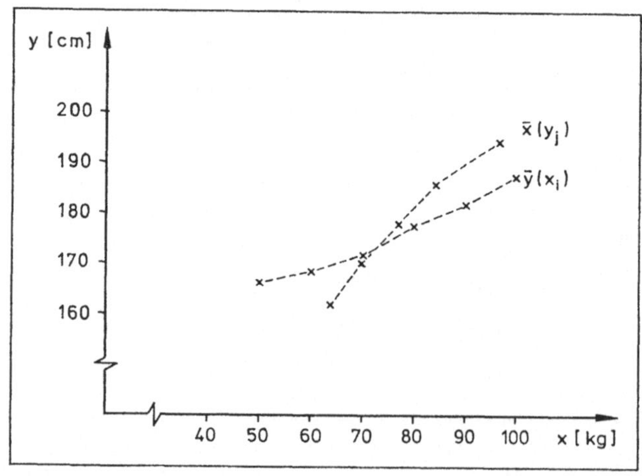

4) Werte teilweise gerundet.

In allen Fällen, bei denen zwei quantitative Merkmale am gleichen Merkmalsträger beobachtet werden, kann man zwei solcher empirischen Regressionsbeziehungen erhalten, wie sie in Tabelle 20 bzw. Abbildung 11 dargestellt sind.

Wir könnten nun noch die empirischen Varianzen in den einzelnen Klassen berechnen. Diese interessieren uns aber für die hier durchzuführenden Betrachtungen nicht. Benötigt werden im folgenden Abschnitt lediglich s_x^2, s_y^2, die empirischen Varianzen aus dem gesamten (gruppierten) Beobachtungsmaterial (die schon im Beispiel 25 berechnet wurden) und die empirische Kovarianz, die wir bisher nur für ungruppierte Beobachtungswerte in Formel (21) erklärt und an einem Beispiel berechnet haben.

Für gruppierte Beobachtungswerte lautet die empirische Kovarianz

(29)
$$\text{cov}(x, y) = \frac{1}{n} \sum_{i=1}^{k} \sum_{j=1}^{l} (x_i - \bar{x})(y_j - \bar{y}) n_{ij}$$

Auch hier gilt die oft einfachere Berechnungsmöglichkeit nach Formel (22):

$$\text{cov}(x, y) = \overline{xy} - \bar{x} \cdot \bar{y},$$

wobei für gruppierte Beobachtungswerte die Größe $\overline{xy}$ berechnet wird nach

(30)
$$\overline{xy} = \frac{1}{n} \sum_{i=1}^{k} \sum_{j=1}^{l} x_i y_j n_{ij}$$

Da das Rechnen mit solchen Doppelsummen bisher noch nicht aufgetreten ist, soll an einem einfachen Zahlenbeispiel die empirische Kovarianz für gruppierte Beobachtungswerte berechnet werden, und zwar einmal nach der Formel (29) und zum anderen nach den Formeln (22) und (30).

● **Beispiel 26**

Aus der in Tabelle 21 angegebenen zweidimensionalen Häufigkeitsverteilung berechne man die empirische Kovarianz.

Tabelle 21

i ↓ \ j →	$y_1 = 1$	$y_2 = 2$	$y_3 = 3$	$n_{i.}$
$x_1 = 2$	3	1	0	4
$x_2 = 3$	2	5	3	10
$x_3 = 4$	1	2	3	6
$n_{.j}$	6	8	6	n = 20

Lösung: In den Formeln (29) und (22) benötigen wir $\bar{x}$, $\bar{y}$. Diese Werte berechnen wir genau wie im Beispiel 25 a. Wir erhalten $\bar{x} = 3{,}1$; $\bar{y} = 2{,}0$ (nachrechnen!).

In Formel (29) haben wir eine Doppelsumme zu bilden. Das bedeutet: Es ist über alle Felder der Tabelle zu summieren, und zwar ist hier über die Ausdrücke $(x_i - \bar{x})(y_j - \bar{y})n_{ij}$ zu summieren. Wir müssen also zunächst für jedes Feld diesen Wert berechnen und dann die so errechneten Werte addieren.

Zur Berechnung der Werte in jedem Feld legt man sich zweckmäßigerweise eine Rechentabelle an. Zunächst steht in jedem Feld der gegebene Wert n_{ij}. Wir berechnen $(x_i - \bar{x})$ und $(y_j - \bar{y})$, tragen diese Werte in jedes Feld ein und bilden danach die Produkte $(x_i - \bar{x})(y_j - \bar{y})n_{ij}$.

In den einzelnen Feldern der Rechentabelle wollen wir diese Werte folgendermaßen anordnen:

$x_i - \bar{x}$		
	n_{ij}	
$y_j - \bar{y}$		$(x_i - \bar{x})(y_j - \bar{y})n_{ij}$

Führen wir die Berechnungen im einzelnen durch, erhalten wir die Rechentabelle 22[5]).

Tab. 22: Rechentabelle

	$y_1 = 1$	$y_2 = 2$	$y_3 = 3$
$x_1 = 2$	− 1,1 6 3 − 1 + 3,3	− 1,1 4 1 0 0	− 1,1 0 0 + 1 0
$x_2 = 3$	− 0,1 6 2 − 1 + 0,2	− 0,1 30 5 0 0	− 0,1 27 3 + 1 − 0,3
$x_3 = 4$	+ 0,9 4 1 − 1 − 0,9	+ 0,9 16 2 0 0	+ 0,9 36 3 + 1 + 2,7

Durch Summieren der $(x_i - \bar{x})(y_j - \bar{y})n_{ij}$ über alle Felder erhalten wir

$$\sum_{i=1}^{3} \sum_{j=1}^{3} (x_i - 3{,}1)(y_j - 2{,}0)n_{ij} = (3{,}3 + 0{,}2 - 0{,}9 - 0{,}3 + 2{,}7) = 5{,}0$$

5) Die in der rechten oberen Ecke eines jeden Feldes stehenden Werte werden später erläutert.

Damit beträgt die empirische Kovarianz nach Formel (29)

$$\text{cov}(x, y) = \frac{1}{20} 5{,}0 = 0{,}25.$$

Für die Berechnung der cov(x, y) nach Formel (22) benötigen wir $\overline{xy}$. Hierzu müssen wir die in Formel (30) angegebene Doppelsumme bilden. Wir berechnen für jedes Feld $x_i \, y_j \, n_{ij}$ und addieren alle berechneten Werte (Doppelsumme). Die Werte $x_i \, y_j \, n_{ij}$ stehen in der rechten oberen Ecke eines jeden Feldes der Tabelle 22. Ihre Summe ergibt

$$\sum_{i=1}^{3} \sum_{j=1}^{3} x_i \, y_j \, n_{ij} = 6 + 6 + 4 + 4 + 30 + 16 + 27 + 36 = 129.$$

Nach Formel (30) erhalten wir $\overline{xy} = \frac{1}{20} 129 = 6{,}45$ und damit für die empirische Kovarianz nach Formel (22)

$$\begin{aligned} \text{cov}(x, y) &= \overline{xy} - \bar{x}\,\bar{y} \\ &= 6{,}45 - 3{,}1 \cdot 2{,}0 = 0{,}25. \end{aligned}$$

Übungsaufgabe 17

Man berechne die empirische Kovarianz für die in Tabelle 16 enthaltenen gruppierten Beobachtungspaare (zweidimensionale Häufigkeitsverteilung des Beispiels 23).

IV. Ausgleichende Regressionsgeraden

1. Ausgleichende Regressionsgeraden für gruppierte Beobachtungswerte

Die in Abbildung 11 dargestellten empirischen Regressionslinien lassen eine in Beispiel 23 vorhandene Abhängigkeit im Mittel recht plastisch erkennen. Sie zeigen, wie bei zunehmender Größe y_j im Mittel auch das Gewicht ($\bar{x}(y_j)$) größer wird und wie bei zunehmendem Gewicht x_i im Mittel auch die Größe ($\bar{y}(x_i)$) zunimmt. Die empirischen Regressionslinien haben jedoch den Nachteil, daß die bedingten Mittelwerte (als Funktionen betrachtet) nur an einzelnen Stellen definiert sind, nämlich für die Klassenmitten der unabhängigen Variablen (Bedingungen). Bei vielen praktischen Untersuchungen möchte man aber auch für andere Werte als die Klassenmitten Aussagen über die Abhängigkeit im Mittel machen. So kann es in unserem Beispiel von Interesse sein, zu wissen, welches Gewicht im Mittel zu einer Größe von 180 cm gehört. Um solche Aussagen zu ermöglichen, gleicht man die nur an einigen Stellen definierten empirischen Regressionsfunktionen (Regressionslinien) durch stetige Funktionen aus.

In unserem Beispiel (Abbildung 11) liegt es durch den Verlauf der empirischen Regressionslinien nahe, als ausgleichende Funktionen Geraden zu verwenden.

Das hieße also:

Fall 1: Die Regressionsbeziehung (empirische Regressionsfunktion) $\bar{y}(x_i)$ wird ausgeglichen durch eine Gerade $\bar{Y}(x) = a + bx$.

Fall 2: Die Regressionsbeziehung $\bar{x}(y_j)$ wird ausgeglichen durch eine Gerade $\bar{X}(y) = c + dy$.

Man kann als ausgleichende Funktionen auch andere Funktionstypen als die Gerade heranziehen. Für die Wirtschaftspraxis hat jedoch die Gerade als ausgleichende Funktion die größte Bedeutung. Auch in Fällen, wo der Verlauf der empirischen Regressionsfunktion eine Exponentialfunktion (z. B. bei Wachstumsvorgängen) oder eine Potenzfunktion als ausgleichende Funktion nahelegt, kann man durch einfache Transformationen das Problem auf eine Gerade zurückführen[6]).

Wir wollen jetzt am Beispiel des Falles 1 ($\bar{y}(x_i)$) den Weg angeben, auf dem man zu der gesuchten ausgleichenden Geraden (Regressionsgeraden) gelangt.

Gesucht wird die Gerade $\bar{Y}(x) = a + bx$, die sich den vorgegebenen Werten $\bar{y}(x_i)$, $i = 1, \ldots, k$, „optimal" anpaßt. Unter „optimal" wird dabei verstanden, daß die Summe der quadrierten und mit $n_{i\cdot}$ gewichteten vertikalen Abstände der Werte auf der Geraden $\bar{Y}(x)$ von den entsprechenden bekannten bedingten Mittelwerten $\bar{y}(x_i)$ ein Minimum wird.

Abb. 12: Berechnung der vertikalen Abstände (gruppierte Beobachtungswerte)

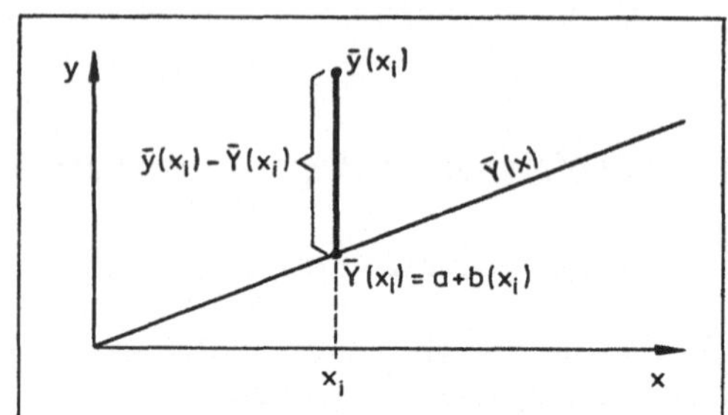

Daß man von den Abständen $\bar{y}(x_i)$—$\bar{Y}(x_i)$ ausgeht, ist verständlich; denn für eine sich gut an die empirische Regressionsfunktion anpassende Gerade wird gelten: Die Summe der Abstände ist klein. Die Abstände werden zunächst quadriert, um zu verhindern, daß sich positive und negative Abstände saldieren. Diese quadrierten Abstände werden noch mit der Anzahl der Werte multipliziert, die zur Berechnung des verwendeten bedingten Mittelwertes herangezogen werden ($n_{i\cdot}$). Damit berücksichtigt man, daß ein bedingter Mittelwert aus vielen Beobachtungswerten einen stärkeren Einfluß auf die Lage der gesuchten Regressionsgeraden ausüben muß als ein bedingter Mittelwert aus nur wenigen Beobachtungswerten.

6) Siehe hierzu W. Wetzel: Statistische Grundausbildung für Wirtschaftswissenschaftler, Band I, S. 104 ff.

Die gesuchte Regressionsgerade $\overline{Y}(x) = a + bx$ muß also die Bedingung erfüllen

(31) $$\sum_{i=1}^{k} (\overline{y}(x_i) - \overline{Y}(x_i))^2 n_{i.} \overset{!}{=} \underset{a,\,b}{\text{Min}}$$ [7]

Diese Methode der Bestimmung einer ausgleichenden Funktion heißt nach C. F. Gauß M e t h o d e d e r k l e i n s t e n Q u a d r a t e.

Durch diese Bedingung ist die Lage der gesuchten Regressionsgeraden mathematisch eindeutig festgelegt.

Setzt man in Formel (31) ein $\overline{Y}(x_i) = a + b\,x_i$, so erhält man

(32) $$\sum_{i=1}^{k} (\overline{y}(x_i) - a - b\,x_i)^2 n_{i.} = G(a, b) \overset{!}{=} \underset{a,\,b}{\text{Min}}$$

Die linke Seite dieser Gleichung stellt eine Funktion der beiden unabhängigen Variablen a und b dar. Alle anderen Werte in der Summe (die bedingten Mittelwerte $\overline{y}(x_i)$, die Klassenmitten x_i und die absoluten Häufigkeiten $n_{i.}$) sind uns fest vorgegeben. Das bedeutet, die Gerade muß man in die empirische Regressionslinie „einpassen", indem man die Steigung b und den Ordinatenabschnitt a variiert.

Rechnerisch löst man diese Minimumaufgabe durch Nullsetzen der partiellen Ableitungen der Funktion G.

$$\frac{\partial G(a, b)}{\partial a} = 0 \qquad \frac{\partial G(a, b)}{\partial b} = 0$$

Damit hat man zwei Bestimmungsgleichungen für die zwei unbekannten Größen a und b. Führt man diese Rechnungen im einzelnen durch[8], so findet man

(33) $$a = \overline{y} - \overline{x}\,\frac{\text{cov}(x, y)}{s_x^2}$$

(34) $$b = \frac{\text{cov}(x, y)}{s_x^2}$$

Wir haben damit das interessante Ergebnis, daß die Parameter a und b, die die Lage der Regressionsgeraden bestimmen, durch die uns bekannten statistischen Maßzahlen $\overline{x}$, s_x^2, $\overline{y}$, cov (x, y) dargestellt werden können.

Damit sind wir in der Lage, die gesuchte Regressionsgerade $\overline{Y}(x) = a + bx$ numerisch zu bestimmen. Diese Regressionsgerade erlaubt es uns, den zu einem vorgegebenen x-Wert (Gewicht) im Mittel gehörenden y-Wert (Größe) abzuschätzen.

---

7) Lies: Die Summe soll zum Minimum werden in den Größen a, b.

8) Für den Fall ungruppierter Beobachtungswerte, der im folgenden Abschnitt 2 behandelt wird, findet man die entsprechenden Berechnungen vollständig in J. Sommerfeld, a. a. O., S. 200 ff.

● **Beispiel 27**

Man berechne die Regressionsgerade $\overline{Y}(x) = a + bx$, die durch die bedingten Mittelwerte $\overline{y}(x_i)$ in Tabelle 20 b festgelegt wird. (Die empirische Regressionslinie ist dargestellt in Abbildung 11.)

Lösung: Die Lage der gesuchten Regressionsgeraden wird durch die Parameter a und b festgelegt, die wir bestimmen müssen. Die bedingten Mittelwerte $\overline{y}(x_i)$ in Tabelle 20 b wurden berechnet aus den gruppierten Beobachtungswerten der Tabelle 16. Aus den gleichen Beobachtungswerten benötigen wir nun $\overline{x}$, $\overline{y}$, s_x^2, cov(x, y). (Die bedingten Mittelwerte selbst brauchen wir zur Bestimmung der Regressionsgeraden nicht.) Die gesuchten Werte $\overline{x}$, $\overline{y}$, s_x^2 haben wir bereits in Beispiel 25 und den Wert cov(x, y) in Übungsaufgabe 17 berechnet. Durch Einsetzen dieser Ergebnisse in die Formeln (33) und (34) erhalten wir die Werte (gerundet):

$$a = \overline{y} - \overline{x}\,\frac{\mathrm{cov}(x, y)}{s_x^2} = 176{,}29 - 75{,}71\,\frac{68{,}08}{161{,}63} = 144{,}40$$

$$b = \frac{\mathrm{cov}(x, y)}{s_x^2} = \frac{68{,}08}{161{,}63} = 0{,}42$$

Die gesuchte Regressionsgerade lautet also:

$$\overline{Y}(x) = 144{,}40 + 0{,}42\,x.$$

Aussage: Mit dieser speziellen Geraden $\overline{Y}(x)$ können wir zu jedem interessierenden Gewicht x die im Mittel zugehörige Körpergröße $\overline{Y}$ abschätzen.

Beispiel:

$$x = 87 \text{ kg}$$

$$\overline{Y}(87) = 144{,}40 + 0{,}42 \cdot 87 = 180{,}94 \text{ cm}.$$

Die Berechnung der zweiten Regressionsgeraden $\overline{X}(y) = c + dy$ geschieht analog dem bisher Gesagten. Man geht hier von den horizontalen Abständen $\overline{x}(y_j) - \overline{X}(y_j)$ aus, die quadriert und mit $n_{.j}$ gewichtet werden.

Abb. 13: Berechnung der horizontalen Abstände (gruppierte Beobachtungswerte)

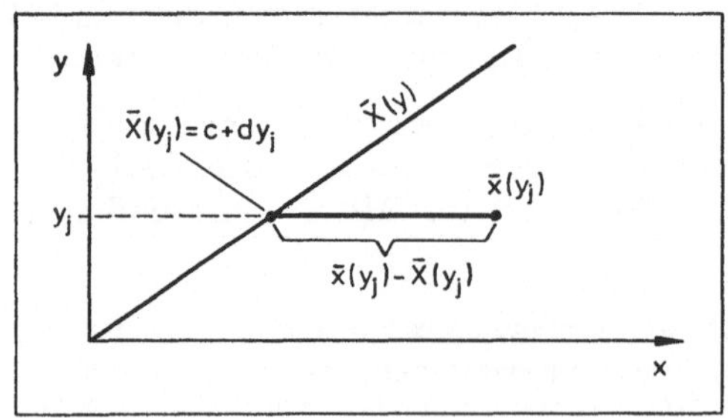

Die gesuchte Regressionsgerade muß die Bedingung erfüllen:

(35) $$\sum_{j=1}^{l} (\bar{x}(y_j) - (c + dy_j))^2 = G(c,d) = \underset{c,\,d}{\text{Min}}$$

Durch Nullsetzen der partiellen Ableitungen der Funktion G

$$\frac{\partial G(c,d)}{\partial c} = 0, \qquad \frac{\partial G(c,d)}{\partial d} = 0$$

erhält man

(36) $$c = \bar{x} - \bar{y}\,\frac{\text{cov}(x,y)}{s_y^2}$$

und

(37) $$d = \frac{\text{cov}(x,y)}{s_y^2}$$

Die Geradenparameter c und d können also wieder durch uns geläufige statistische Maßzahlen dargestellt werden, ohne daß wir die bedingten Mittelwerte selbst direkt benötigen.

● **Beispiel 28**

Man berechne die Regressionsgerade $\bar{X}(y) = c + dy$, die durch die bedingten Mittelwerte $\bar{x}(y_i)$ in Tabelle 20 a festgelegt wird. (Die empirische Regressionslinie ist dargestellt in Abbildung 11.)

Lösung: Zu bestimmen sind die Parameter c und d der Geraden. Die hierfür benötigten Maßzahlen $\bar{x}$, $\bar{y}$, s_y^2, cov(x, y) berechnen wir aus den gruppierten Beobachtungswerten der Tabelle 16, aus denen auch die bedingten Mittelwerte $\bar{x}(y_j)$ berechnet wurden.

Numerische Werte von $\bar{x}$, $\bar{y}$, s_y^2: siehe Beispiel 25.

cov(x, y): siehe Übungsaufgabe 17.

Durch Einsetzen dieser Werte in die Formeln (36) und (37) erhalten wir (gerundet)

$$c = \bar{x} - \bar{y}\,\frac{\text{cov}(x,y)}{s_y^2} = 75{,}71 - 176{,}29\,\frac{68{,}08}{72{,}95} = -88{,}81$$

$$d = \frac{\text{cov}(x,y)}{s_y^2} = \frac{68{,}08}{72{,}95} = 0{,}93$$

Die gesuchte Regressionsgerade lautet also

$$\bar{X}(y) = -88{,}81 + 0{,}93\,y$$

Aussage: Mit dieser speziellen Geraden $\overline{X}(y)$ können wir zu jeder interessierenden Größe y das im Mittel zugehörige Gewicht $\overline{X}$ abschätzen.

Beispiel:

$$y = 180 \text{ cm}$$
$$\overline{X}(180) = -88{,}81 + 0{,}93 \cdot 180 = 78{,}59 \text{ kg.}$$

2. Ausgleichende Regressionsgeraden für ungruppierte Beobachtungswerte

Während wir in Abschnitt IV, 1 je eine ausgleichende Gerade (Regressionsgerade) durch die bedingten Mittelwerte $\overline{y}(x_i)$ bzw. $\overline{x}(y_j)$ gelegt hatten, wollen wir jetzt die Möglichkeit betrachten, Regressionsgeraden direkt in das Streuungsdiagramm zu legen, ohne erst bedingte Mittelwerte zu berechnen und als empirische Regressionslinien darzustellen.

Im Streuungsdiagramm (Abbildung 9) sind die Beobachtungspaare (x_ν, y_ν) $\nu = 1, \ldots, n$ einer (aus Beispiel 23) vorliegenden Beobachtungsdoppelreihe als Punkte in einem rechtwinkligen Koordinatensystem eingetragen. In dieses Diagramm können wir eine Gerade $\overline{Y}(x) = a + bx$ so hineinlegen, daß die Summe der ins Quadrat erhobenen Differenzen $y_\nu - \overline{Y}(x_\nu)$ ein Minimum ergibt. Die Differenzen stellen in Beispiel 23 die Abstände der bei einem Beobachtungspaar (x_ν, y_ν) festgestellten Größe y_ν von dem „entsprechenden" Wert auf der gesuchten Geraden $\overline{Y}(x_\nu)$ dar. Diesen Wert erhält man, wenn man in die Geradenformel das bei dem speziellen Beobachtungspaar festgestellte Gewicht x_ν einsetzt.

Die gesuchte Regressionsgerade $\overline{Y}(x) = a + bx$ wird also hier durch die Forderung

$$(38) \qquad \sum_{\nu=1}^{n} (y_\nu - (a + bx_\nu))^2 \overset{!}{=} \underset{a,\, b}{\text{Min}}$$

bestimmt.

Entsprechend dem Vorgehen in IV, 1 bildet man wieder die partiellen Ableitungen, setzt sie gleich 0 und erhält aus diesen Bestimmungsgleichungen die Parameter a und b, die formal die gleichen sind wie in IV, 1, nämlich

$$(33) \qquad a = \overline{y} - \overline{x}\,\frac{\text{cov}(x, y)}{s_x^2}; \qquad (34) \qquad b = \frac{\text{cov}(x, y)}{s_x^2}$$

Für die zweite Regressionsgerade $\overline{X}(y) = c + dy$ erhält man aus der Forderung

$$(39) \qquad \sum_{\nu=1}^{n} (x_\nu - (c + dy_\nu))^2 \overset{!}{=} \underset{c,\, d}{\text{Min}}$$

genau wie in IV, 1 die Parameter

$$(36) \qquad c = \overline{x} - \overline{y}\,\frac{\text{cov}(x, y)}{s_y^2}; \qquad (37) \qquad d = \frac{\text{cov}(x, y)}{s_y^2}$$

Wir stellen also fest, daß wir für ungruppierte Beobachtungswerte formal die gleichen Regressionsgeraden erhalten wie für gruppiertes Beobachtungsmaterial. Sie unterscheiden sich von den entsprechenden Regressionsgeraden nur dadurch, daß die 5 zu ihrer Berechnung benötigten statistischen Maßzahlen $\bar{x}$, s_x^2, $\bar{y}$, s_y^2, cov(x, y) hier aus einem ungruppierten Beobachtungsmaterial berechnet werden müssen.

● **Beispiel 29**

a) Man berechne zu Übungsaufgabe 15 beide Regressionsgeraden.

b) Wie groß sind die Differenzen $y_\nu - \bar{Y}(x_\nu)$, $x_\nu - \bar{X}(y_\nu)$ für das Jahr 1970?

Lösung zu a): Gesucht sind die Regressionsgeraden $\bar{Y}(x) = a + bx$ und $\bar{X}(y) = c + dy$. Die zur Ermittlung der Geradenparameter benötigten 5 Maßzahlen $\bar{x}$, s_x^2, $\bar{y}$, s_y^2, cov (x, y) wurden bereits in Übungsaufgabe 15 berechnet. Wir bilden[9])

$$a = \bar{y} - \bar{x}\,\frac{\text{cov}(x, y)}{s_x^2} = 25 - 2{,}6\,\frac{1{,}21}{0{,}1875} = 8{,}221$$

$$b = \frac{\text{cov}(x, y)}{s_x^2} = \frac{1{,}21}{0{,}1875} = 6{,}45\bar{3}$$

$$c = \bar{x} - \bar{y}\,\frac{\text{cov}(x, y)}{s_y^2} = 2{,}6 - 25\,\frac{1{,}21}{10{,}2} = -0{,}366$$

$$d = \frac{\text{cov}(x, y)}{s_y^2} = \frac{1{,}21}{10{,}2} = 0{,}119$$

und erhalten damit die Regressionsgeraden

$$\bar{Y}(x) = 8{,}221 + 6{,}453\,x;$$

$$\bar{X}(y) = -0{,}366 + 0{,}119\,y.$$

Lösung zu b): Beobachtungswerte (x_ν, y_ν) im Jahre 1970: $x_\nu = 2{,}1$; $y_\nu = 21{,}3$.

$$\bar{Y}(2{,}1) = 8{,}221 + 6{,}453 \cdot 2{,}1 = 21{,}7723$$

Also: $y_\nu - \bar{Y}(x_\nu) = 21{,}3 - 21{,}8$[9]) $= -0{,}5$;

$$\bar{X}(21{,}3) = -0{,}366 + 0{,}119 \cdot 21{,}3 = 2{,}1687$$

Also: $x_\nu - \bar{X}(y_\nu) = 2{,}1 - 2{,}2$[9]) $= -0{,}1$.

Es sei zum Abschluß dieses Abschnittes noch ausdrücklich darauf hingewiesen, daß sich zwei Regressionsgeraden nach den hier geschilderten formalen Bedingungen in allen Fällen berechnen lassen, in denen 2 Merkmale X, Y am selben Merkmalsträger beobachtet werden.

---

9) Ergebniswerte z. T. gerundet.

Diese Regressionsgeraden geben eine Abhängigkeit im Mittel eines Merkmals von dem jeweils anderen an. Da sich stets zwei Regressionsgeraden berechnen lassen, müssen diese keine Aussagen über kausale Abhängigkeiten enthalten. (Kausale Abhängigkeit besteht nur in einer Richtung.)

Welche der beiden möglichen Regressionsgeraden bei wirtschaftlichen Untersuchungen sinnvoll ist, muß stets vom speziell vorliegenden Problem her entschieden werden. So wäre es in der Übungsaufgabe 15 vernünftig, den Gewinn eines Jahres in Abhängigkeit von den Werbeausgaben zu betrachten.

Übungsaufgabe 18

Die Lebensversicherungsunternehmen in der Bundesrepublik Deutschland leisteten in den Jahren 1966 bis 1971 die folgenden Zahlungen für Versicherungsfälle und vorzeitige Rückkäufe[10]):

Tabelle 23

Jahr	Zahlungen in Mio. DM	
	für Versicherungsfälle	für Rückkäufe
1966	1 805	282
1967	1 937	380
1968	2 409	413
1969	2 695	494
1970	2 978	551
1971	3 233	559

Man berechne die Regressionsgerade, die die Abhängigkeit im Mittel der Zahlungen für Rückkäufe von den Zahlungen für Versicherungsfälle angibt.

Übungsaufgabe 19

Eine Handwerkskammer hat die Ergebnisse bei Meisterprüfungen in metallbearbeitenden Berufen, getrennt nach theoretischem und praktischem Teil, über zwei Jahre nach dem gleichen Punktschema bewertet. Sie sind in Tabelle 24 zusammengestellt. Darin bedeutet:

x_ν = erreichte Note im theoretischen Teil,

y_ν = erreichte Note im praktischen Teil.

10) Quelle: Statistisches Jahrbuch für die Bundesrepublik Deutschland 1972, S. 371.

Tabelle 24

	$0 \leq y_\nu \leq 1,0$	$1,0 < y_\nu \leq 2,0$	$2,0 < y_\nu \leq 3,0$	$3,0 < y_\nu \leq 4,0$	$4,0 < y_\nu \leq 5,0$
$0 \leq x_\nu \leq 1,0$	7	5	5	6	0
$1,0 < x_\nu \leq 2,0$	5	19	13	5	3
$2,0 < x_\nu \leq 3,0$	10	15	10	5	2
$3,0 < x_\nu \leq 4,0$	6	10	10	4	3
$4,0 < x_\nu \leq 5,0$	0	2	2	3	0

Stützt dieses Beobachtungsmaterial die Vermutung, daß die Ergebnisse im mündlichen und schriftlichen Teil im Mittel linear voneinander abhängen?

3. Zusammenfassung

Bei der Beobachtung von zwei Merkmalen am selben Merkmalsträger kann man in den Punktschwarm der (ungruppierten) Beobachtungspaare (x_ν, y_ν) nach der Methode der kleinsten Quadrate stets zwei ausgleichende Geraden $\overline{Y}(x) = a + bx$ und $\overline{X}(y) = c + dy$ legen. Diese Regressionsgeraden erlauben es uns, Aussagen über lineare Abhängigkeiten im Mittel zu machen, d. h. darüber, wie das Merkmal Y im Mittel vom Merkmal X abhängt oder umgekehrt.

Sind bei den Beobachtungswerten bereits Klasseneinteilungen vorgenommen worden, liegen also nur noch die gruppierten Beobachtungswerte als zweidimensionale Häufigkeitsverteilung vor, so werden die beiden Regressionsgeraden nach der Methode der kleinsten Quadrate in die bedingten Mittelwerte gelegt.

Zur Ermittlung der Geradenparameter a, b, c, d benötigt man die 5 Maßzahlen $\overline{x}$, s^2_x, $\overline{y}$, s^2_y, cov(x, y), die jeweils vollständig entweder aus einer Beobachtungsdoppelreihe oder aus der zweidimensionalen Verteilung der absoluten Häufigkeiten berechnet werden müssen.

Welche der beiden Regressionsgeraden eine substantiell sinnvolle Aussage ermöglicht, ist von der jeweils konkret interessierenden wirtschaftlichen Fragestellung her zu entscheiden.

V. Korrelation

Im Abschnitt IV haben wir bei der Beobachtung zweier Merkmale am selben Merkmalsträger die Beobachtungspaare (x_ν, y_ν) als Punkte in der Merkmalsebene aufgetragen und durch sie nach der Methode der kleinsten Quadrate zwei ausgleichende Regressionsgeraden gelegt, die Aussagen über lineare Abhängigkeiten im Mittel ermöglichen. Bei konkreten Fällen können nun die einzelnen Beobachtungswerte mehr oder weniger stark um die Regressionsgeraden streuen, d. h., die festgestellte Abhängigkeit im Mittel kann mehr oder weniger intensiv sein. Die Abbildung 14 zeigt drei Beispiele, bei denen die gleiche Regressionsgerade $\overline{Y}(x) = a + bx$ berechnet wurde. Die lineare Abhängigkeit im Mittel ist also in allen Fällen die gleiche. Im Fall 1 streuen aber die einzelnen Beobachtungswerte viel stärker um die Regressionsgerade als im Fall 2, d. h., der beobachtete lineare Zusammenhang im Mittel ist im Fall 2 intensiver als im Fall 1.

Abb. 14: Intensität linearer Regressionszusammenhänge

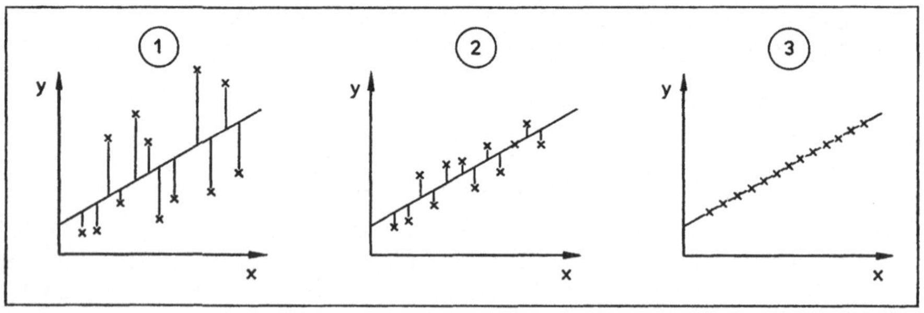

Ein Extrem an Intensität stellt der 3. Fall dar, bei dem die Beobachtungswerte auf der Regressionsgeraden selbst liegen. In diesem Fall würden wir nicht mehr von linearer Abhängigkeit im Mittel, sondern von k a u s a l e r A b h ä n g i g k e i t sprechen.

Es interessiert hier allgemein die Frage nach einem M a ß f ü r d i e I n t e n s i t ä t des linearen Regressionszusammenhanges. Ein solches Maß, das es uns erlaubt, Angaben über die Intensität durch eine reelle Zahl zu machen, ist im wesentlichen die uns bekannte empirische Kovarianz cov(x, y), die allerdings noch durch $s_x \cdot s_y$ dividiert wird.

Der mit r bezeichnete Quotient

(40) $$r = \frac{\text{cov}(x, y)}{s_x \, s_y}$$

wird K o r r e l a t i o n s k o e f f i z i e n t genannt und stellt das gesuchte Maß für die Intensität einer linearen Abhängigkeit im Mittel zwischen zwei Merkmalen dar.

Mit der Division der empirischen Kovarianz durch das Produkt der empirischen Standardabweichungen erreicht man, daß r nur Werte zwischen —1 und +1 annehmen kann, also

(41) $$-1 \leq r \leq +1$$

Wenn $r = 0$, also die Intensität der linearen Abhängigkeit im Mittel gleich 0 ist, nennt man die beobachteten Merkmale unkorreliert. Dieser Wert $r = 0$ tritt auf, wenn $\text{cov}(x, y) = 0$[11]. In diesem Falle erhalten wir die beiden Regressionsgeraden[12] $\overline{Y}(x) = \overline{y}$ und $\overline{X}(y) = \overline{x}$, die parallel zur x-Achse bzw. zur y-Achse liegen. Die empirische Kovarianz wird den Wert 0 annehmen, wenn die Beobachtungspaare als Punkte „gleichmäßig" in der Merkmalsebene verteilt sind.

Zwei Merkmale nennt man um so stärker positiv (negativ) korreliert, je näher r bei + 1 (— 1) liegt. Positives r bedeutet: Der Punktschwarm des Streuungsdiagramms zieht sich von links unten nach rechts oben. Steigende x-Werte (y-Werte) entsprechen im Mittel steigenden y-Werten (x-Werten).

Negatives r bedeutet: Der Punktschwarm zieht sich von links oben nach rechts unten. Steigende x-Werte (y-Werte) entsprechen im Mittel fallenden y-Werten (x-Werten). Je näher r bei + 1 oder — 1 liegt, desto intensiver ist eine zwischen zwei Merkmalen beobachtete lineare Abhängigkeit im Mittel.

Nimmt r genau den Wert + 1 oder — 1 an, so fallen die beiden Regressionsgeraden zusammen. Alle Punkte liegen dann genau auf dieser einen Geraden, wie Abbildung 14, Fall 3 zeigt. Dieser Fall der intensivsten linearen Regression wird als völlige (positive oder negative) Korrelation bezeichnet und ist gleichbedeutend mit linearer Abhängigkeit zwischen den beobachteten Merkmalen.

Abschließend sei noch darauf hingewiesen, daß der Korrelationskoeffizient r *nur* Aussagen über die Intensität der von uns hier betrachteten *linearen* Regressionsbeziehungen (linearen Abhängigkeiten im Mittel) erlaubt. Als Maß für die Intensität anderer als linearer Abhängigkeiten im Mittel ist er nicht zu verwenden.

Zusammenfassung

Für die Intensität linearer Regressionsbeziehungen (Abhängigkeiten im Mittel) verwendet man als Maß den Korrelationskoeffizienten $r = \frac{\text{cov}(x, y)}{s_x \cdot s_y}$, der Werte im Intervall $-1 \leq r \leq +1$ annehmen kann.

Als Maß für die Intensität anderer als linearer Abhängigkeiten im Mittel ist r nicht geeignet.

● **Beispiel 30**

Für die gruppierten Beobachtungswerte des Beispiels 23 wurde die Regressionsgerade $\overline{Y}(x)$ in Beispiel 27 berechnet. Man untersuche die Intensität dieses in Beispiel 27 festgestellten Regressionszusammenhanges.

---

11) Es wird von uns stets vorausgesetzt, daß s_x^2, s_y^2 endliche Werte annehmen.

12) Wenn man cov (x, y) = 0 in (33) und (34) bzw. (36) und (37) einsetzt.

Lösung: Maß für die Intensität des linearen Regressionszusammenhanges ist der Korrelationskoeffizient r. Verwenden wir zu seiner Berechnung die auf 2 Stellen gerundeten Ergebnisse der Beispiele 25 und 27, so erhalten wir

$$r = \frac{\text{cov}(x, y)}{s_x \cdot s_y} = \frac{68{,}08}{12{,}71 \cdot 8{,}54} = 0{,}627$$

Ergebnis: Es liegt mit $r \approx 0{,}63$ eine relativ intensive positive lineare Abhängigkeit im Mittel vor.

Beispiel 31

Man untersuche die Intensität der in Übungsaufgabe 15 ermittelten linearen Abhängigkeit im Mittel zwischen Werbeaufwendungen und Gewinn.

Lösung: Die zur Berechnung des Korrelationskoeffizienten benötigten Werte findet man in Übungsaufgabe 15. Durch Einsetzen dieser Werte erhalten wir

$$r = \frac{\text{cov}(x, y)}{s_x \cdot s_y} = \frac{1{,}21}{0{,}43 \cdot 3{,}19} = 0{,}882$$

und damit eine intensive positive lineare Abhängigkeit im Mittel zwischen den Merkmalen Werbeaufwendungen und Gewinn. Positiv bedeutet dabei: Steigenden Werbeaufwendungen entspricht im Mittel steigender Gewinn.

Übungsaufgabe 20

Man untersuche die Intensität der linearen Abhängigkeit im Mittel zwischen den Merkmalen „Zahlungen für Versicherungsfälle“ und „Zahlungen für vorzeitige Rückkäufe“ in Übungsaufgabe 18.

D. Elementare Zeitreihenanalyse

Lernziel

Nachdem Sie diesen Abschnitt durchgearbeitet haben, sollten Sie für Ihnen vorliegende ökonomische Zeitreihen die Trendkomponente ermitteln können.

I. Trendgerade nach der Methode der kleinsten Quadrate

Als Zeitreihe bezeichnet man eine Folge von Beobachtungswerten y_1, y_2, ..., y_n eines Merkmals, die man zu bestimmten aufeinanderfolgenden Zeitpunkten x_1, x_2, ..., x_n festgestellt hat[1]).

In der Zeitreihenanalyse wird versucht, aus der beobachteten Zeitreihe Gesetzmäßigkeiten im zeitlichen Ablauf des beobachteten Vorganges zu erkennen. Unter Trend versteht man in diesem Zusammenhange eine Komponente der Zeitreihe, die die (längerfristige) zeitliche Entwicklung des untersuchten Merkmals beschreibt. Der Trend ist also bei dieser Betrachtung eine Funktion der Zeit.

Zur Erläuterung der grundlegenden Fragestellung soll wieder ein einfaches wirtschaftliches Beispiel herangezogen werden.

● **Beispiel 32**

In einem Betrieb belief sich der Elektrizitätsverbrauch für die angegebenen Jahre auf folgende Werte:

Tabelle 25

Jahr x_ν	Verbrauch y_ν in 10 000 KWh
1966	32,3
1967	31,7
1968	33,7
1969	34,3
1970	35,7
1971	37,5
1972	40,7
1973	42,3
1974	43,9

Man bestimme für den Elektrizitätsverbrauch einen gradlinigen Trend nach der Methode der kleinsten Quadrate.

1) Für die Zeit wird statt x auch der Buchstabe t verwendet, der jedoch bei uns später eine besondere Bedeutung erhält.

In diesem Beispiel haben wir wieder eine Beobachtungsdoppelreihe (x_ν, y_ν), $\nu = 1, 2, \ldots, 9$ vorliegen. Zeichnen wir die Wertepaare wiederum als Punkte in der Ebene, so erhalten wir den Punktschwarm in Abbildung 15.

Abb. 15: Elektrizitätsverbrauch in Abhängigkeit von der Zeit

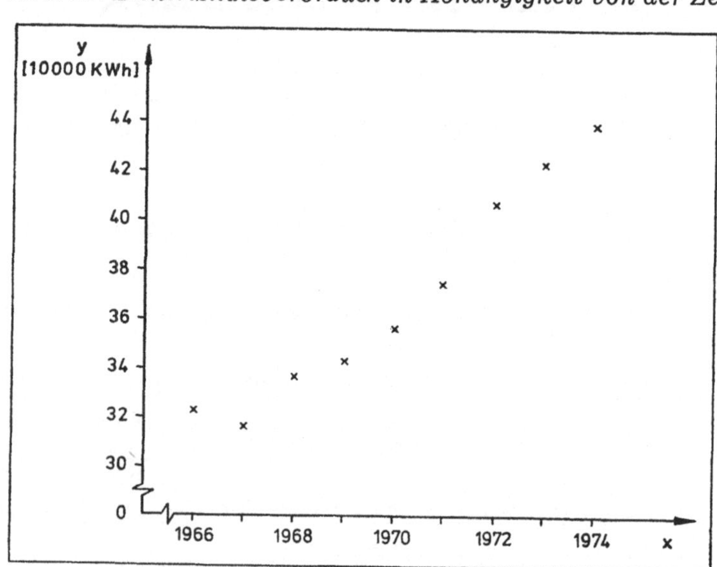

Den Trend des Elektrizitätsverbrauches wird man hier durch eine Gerade $Y(x) = a + bx$ in guter Näherung beschreiben können.

Diese Trendgerade wird in Beispiel 32 gesucht, und zwar soll sie mit Hilfe der Methode der kleinsten Quadrate in den Punktschwarm der Abbildung 15 gelegt werden. Wir haben also formal das gleiche Problem wie bei der Bestimmung einer Regressionsgeraden für ungruppierte Beobachtungswerte. Durch Anwendung der gleichen Lösungsmethode — kleinste Quadrate, Formel (38) — erhalten wir damit formal das gleiche Ergebnis, nämlich die Geradenparameter

$$a = \bar{y} - \bar{x}\,\frac{\operatorname{cov}(x, y)}{s^2_x} \tag{33}$$

und

$$b = \frac{\operatorname{cov}(x, y)}{s^2_x} \tag{34}$$

Jetzt könnten wir die gesuchte Trendgerade bereits aufstellen, indem wir die 4 zu ihrer Bestimmung notwendigen Maßzahlen $\bar{x}$, s^2_x, $\bar{y}$ cov(x, y) bestimmen. Im Gegensatz zur Regressionsgeraden ist bei der Trendgeraden jedoch eine rechnerische Vereinfachung möglich. Das $\bar{x}$ in (33) stellt gewissermaßen einen „mittleren Zeitpunkt" dar. Wenn wir nun die Zeitachse (x-Achse) so „umbenennen" (d. h. linear so transformieren), daß der „mittlere Zeitpunkt" 0 wird, so verschwindet in (33) auf der rechten Seite der 2. Term, und auch für die Bestimmung der Steigung der transformierten Trendgeraden ergeben sich Vereinfachungen.

Wir wollen jetzt in Beispiel 32 die Zeit transformieren, wobei wir die transformierte Zeit mit t bezeichnen, um sie von dem ursprünglichen x zu unterscheiden. Durch Verschieben der x-Skala nach links so weit, daß x = 1970 zu t = 0 wird, erreichen wir

$$\bar{t} = \frac{1}{9} \sum_{\nu=1}^{9} t_\nu = 0.$$

Tabelle 26

ursprüngliche Zeit x_ν	transformierte Zeit t_ν
1966	— 4
1967	— 3
1968	— 2
1969	— 1
1970	0
1971	+ 1
1972	+ 2
1973	+ 3
1974	+ 4

In (34) tritt an die Stelle von x nunmehr t. Zerlegen wir in (34) den Zähler nach (22), (23) und den Nenner nach (17), (18), so erhalten wir für die Steigung der Trendgeraden

$$b_1 = \frac{\mathrm{cov}(t, y)}{s^2_t} = \frac{\overline{ty} - \bar{t} \cdot \bar{y}}{\overline{t^2} - \bar{t}^2}$$

Da $\bar{t} = 0$, gilt also

$$(42) \qquad b_1 = \frac{\overline{ty}}{\overline{t^2}} = \frac{\frac{1}{n} \sum_{\nu=1}^{n} t_\nu y_\nu}{\frac{1}{n} \sum_{\nu=1}^{n} t_\nu^2} = \frac{\sum_{\nu=1}^{n} t_\nu y_\nu}{\sum_{\nu=1}^{n} t_\nu^2}$$

Die vereinfachte Formel zur Berechnung der gesuchten Trendgeraden lautet also

$$(43) \qquad \boxed{Y(t) = \bar{y} + \frac{\sum_{\nu=1}^{n} t_\nu y_\nu}{\sum_{\nu=1}^{n} t_\nu^2}\, t,}$$

wobei t die transformierte Zeit mit $\bar{t} = 0$ bedeutet. Nach dieser Formel berechnen wir die gesuchte Trendgerade.

Lösung zu Beispiel 32:

Tabelle 27

ν	x_ν	transformierte Zeit t_ν	Elektrizitäts-verbrauch in 10 000 KWh y_ν	t_ν^2	$t_\nu \cdot y_\nu$
1	1966	— 4	32,3	16	— 129,2
2	1967	— 3	31,7	9	— 95,1
3	1968	— 2	33,7	4	— 67,4
4	1969	— 1	34,3	1	— 34,3
5	1970	0	35,7	0	0
6	1971	+ 1	37,5	1	+ 37,5
7	1972	+ 2	40,7	4	+ 81,4
8	1973	+ 3	42,3	9	+ 126,9
9	1974	+ 4	43,9	16	+ 175,6
		0	332,1	60	95,4

$$\bar{y} = \frac{1}{9} \sum_{\nu=1}^{9} y_\nu = \frac{1}{9}\, 332{,}1 = 36{,}9$$

Y(t) berechnet nach (43):

$$Y(t) = 36{,}9 + \frac{95{,}4}{60}\, t$$
$$= 36{,}9 + 1{,}59\, t$$

Trendgeraden verwendet man in der Wirtschaft zu Prognosezwecken. Voraussetzung für eine sinnvolle Prognose mit Hilfe einer Trendgeraden ist jedoch, daß sich bei dem beobachteten Merkmal keine Strukturbrüche abzeichnen, die für die Zukunft eine andere Entwicklung vermuten lassen.

● **Beispiel 33**

Der Betrieb aus Beispiel 32 möchte wissen, mit welchem Elektrizitätsverbrauch er aufgrund der Trendgeraden in den Jahren 1975 und 1976 rechnen muß.

Lösung: Dem Wert $x = 1975$ entspricht die transformierte Zeit $t = 5$. Diesen Wert müssen wir in die Trendgerade einsetzen:

$Y(5) = 36{,}9 + 1{,}59 \cdot 5 = 44{,}85$ [10 000 KWh] = Prognose für 1975 aufgrund der Trendgeraden.

$x = 1976$ entspricht $t = 6$.

$Y(6) = 36{,}9 + 1{,}59 \cdot 6 = 46{,}44$ [10 000 KWh] = Prognose für 1976 aufgrund der Trendgeraden.

In Beispiel 32 hatten wir mit n = 9 eine ungerade Anzahl von äquidistanten Beobachtungswerten. Das hatte zur Folge, daß wir bei der Transformation der Zeit das mittlere Jahr als t = 0 wählten.

Liegt eine Zeitreihe mit gerader Anzahl von äquidistanten Beobachtungswerten vor, so transformiert man zweckmäßigerweise so, daß den beiden mittleren Jahren t = —1 und t = +1 zugeordnet wird. Der Abstand zweier aufeinanderfolgender t-Werte beträgt dann 2 Einheiten.

● **Beispiel 34**

Für die Jahre 1967 bis 1974 liegen Beobachtungswerte einer Zeitreihe vor. Man transformiere die Zeit für die Berechnung der Trendgeraden.

Lösung: Es liegen n = 8 äquidistante Beobachtungswerte vor (die in der Aufgabe nicht angegeben sind).

Tabelle 28

ursprüngliche Zeit x_ν	transformierte Zeit t_ν
1967	— 7
1968	— 5
1969	— 3
1970	— 1
1971	+ 1
1972	+ 3
1973	+ 5
1974	+ 7

Durch diese Transformation haben wir wieder erreicht, daß $\bar{t} = 0$. Die Berechnung der Trendgeraden würde jetzt genau wie in Beispiel 32 erfolgen.

Sehen wir uns nun abschließend die Modellvorstellung an, die wir den von uns im Zusammenhang mit der Trendgeraden durchgeführten Betrachtungen zugrunde legen können. Durch die Beobachtungswerte einer Zeitreihe — die wir hier mit y(t) bezeichnen wollen, um die Abhängigkeit von der Zeit besonders auszudrücken — haben wir die Trendgerade Y(t) gelegt.

Beobachteter Wert y(t) und Wert auf der Trendgeraden Y(t) zum gleichen Zeitpunkt (Trendkomponente) werden in der Regel voneinander abweichen.

Die Differenz zwischen einem Beobachtungswert y(t) und dem Wert auf der Trendgeraden zum gleichen Zeitpunkt bezeichnen wir als Schwankungskomponente[2] *u(t).*

Es gilt also:

$$u(t) = y(t) - Y(t).$$

Durch Umformung gewinnt man hieraus als Modell für die Entstehung der Beobachtungswerte einer Zeitreihe

(44) $$y(t) = Y(t) + u(t)$$

Beobachtungswert = Trendkomponente + Schwankungskomponente

Die Beobachtungswerte kann man sich also durch additive Verknüpfung der betrachteten Komponenten entstanden denken, wobei Y(t) den zugrundeliegenden Trend repräsentiert und u(t) die (zufallsbedingten) Schwankungen um diesen Trend darstellt.

Abb. 16: Modell der additiven Verknüpfung der Komponenten einer Zeitreihe y(t) = Y(t) + u(t) bei linearer Trendkomponente

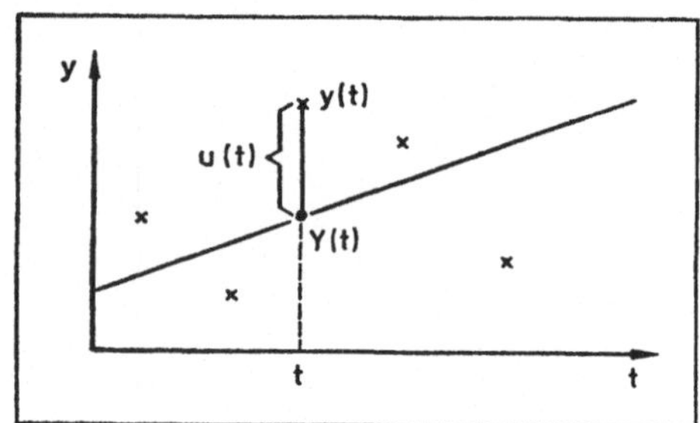

● **Beispiel 35**

Man berechne in Beispiel 32 die Schwankungskomponenten u(t) für die Jahre 1966 bis 1974, wenn linearer Trend und additive Verknüpfung der Komponenten unterstellt werden.

Lösung: Die Trendgerade Y(t) = 36,9 + 1,59 t haben wir in Beispiel 32 berechnet. Für die vorliegenden Beobachtungswerte soll gelten:

$$y(t) = Y(t) + u(t).$$

y(t) sind bekannt. Die Werte Y(t) berechnen wir nach obiger Formel und bilden dann die Differenzen u(t) = y(t) — Y(t). Wir erhalten so Tabelle 29.

---

2) An der Entstehung dieser als Schwankungskomponente bezeichneten Restgröße können neben dem Zufall auch noch systematische Einflüsse (Konjunktur, Saison usw.) beteiligt sein.

Tabelle 29

Jahr	transformierte Zeit t	Beobachtungswerte y(t)	Trendkomponente Y(t) = 36,9 + 1,59 t	Schwankungskomponente u(t) = Y(t) — y(t)
1966	— 4	32,3	30,54	+ 1,76
1967	— 3	31,7	32,13	— 0,43
1968	— 2	33,7	33,72	— 0,02
1969	— 1	34,3	35,31	— 1,01
1970	0	35,7	36,9	— 1,20
1971	+ 1	37,5	38,49	— 0,99
1972	+ 2	40,7	40,08	+ 0,62
1973	+ 3	42,3	41,67	+ 0,63
1974	+ 4	43,9	43,26	+ 0,64

Übungsaufgabe 21

Ein Lebensversicherungsunternehmen verzeichnete in den Jahren 1969 bis 1975 die in Tabelle 30 angegebenen Neuzugänge an Versicherungsverträgen.

Tabelle 30

Jahr	neu abgeschlossene Verträge
1969	54 200
1970	58 500
1971	61 100
1972	61 800
1973	65 900
1974	66 800
1975	70 200

1. Durch welche Gerade kann man den Trend beschreiben?
2. Mit welcher Anzahl neuer Verträge ist bei Andauern des Trends in den Jahren 1976 und 1977 etwa zu rechnen?

Übungsaufgabe 22

Ein Industrieunternehmen erzielte mit einem Konsumgut in den Jahren 1967 bis 1974 die in Tabelle 31 angegebenen Umsätze.

Tabelle 31

Jahr	Umsatz in 10 Mio. DM
1967	20,5
1968	21,8
1969	21,3
1970	26,5
1971	25,8
1972	26,3
1973	27,8
1974	30,0

1. Man berechne die Trendgerade für die Umsätze.
2. Wie groß sind die Schwankungskomponenten in den einzelnen Jahren?
3. Man berechne die Trendkomponente für die Jahre 1975, 1976.

II. Trendkomponente nach der Methode der gleitenden Mittelwerte

Im vorigen Abschnitt hatten wir unterstellt, daß eine lineare Trendkomponente vorliegt, und diese dann durch die Methode der kleinsten Quadrate bestimmt. In diesem Abschnitt wollen wir nicht voraussetzen, daß die Trendkomponente Y(t) durch einen Funktionstyp (wie z. B. die Gerade) angegeben werden kann. Wir gehen wieder von einer Anzahl von Beobachtungswerten y(t) einer Zeitreihe aus, die hier mechanisch „geglättet" werden sollen, damit der vorhandene Trend erkennbar wird.

Für eine solche Glättung verwenden wir die Methode der g l e i t e n d e n M i t t e l w e r t e. Diese besteht darin, daß man mehrere Beobachtungswerte zusammenfaßt, hieraus das arithmetische Mittel berechnet und dieses dem mittleren der berücksichtigten Zeitpunkte als Trendkomponente („geglätteten" Wert) zuordnet.

Von Bedeutung ist natürlich die Frage, wie viele aufeinanderfolgende Beobachtungswerte man für die Berechnung eines gleitenden Mittelwertes heranzieht.

Liegen z. B. über eine Reihe von Jahren Beobachtungswerte am Ende eines jeden Quartals vor, so könnte man auf den Gedanken kommen, die Mittelwerte aus jeweils 4 aufeinanderfolgenden Quartalswerten zu berechnen. Der mittlere Zeitpunkt, dem jeder geglättete Wert zugeordnet werden müßte, fiele aber dann in die *Mitte* des 3. der verwendeten Quartale, und zu diesem Zeitpunkt steht uns kein vergleichbarer Beobachtungswert zur Verfügung. Zweckmäßig wäre in diesem Falle die Verwendung von 5 Beobachtungswerten, wobei die beiden Randwerte nur zur Hälfte berücksichtigt werden.

Der Mittelwert Y(t) zum Zeitpunkt t würde dann berechnet aus

$$(45) \quad Y(t) = \tfrac{1}{4}(0{,}5 \cdot y(t-2) + y(t-1) + y(t) + y(t+1) + 0{,}5 \cdot y(t+2)).$$

Ziehen wir von den Beobachtungswerten die für den gleichen Zeitpunkt berechneten Trendkomponenten ab, so erhalten wir wieder eine Restgröße u(t) = y(t) — Y(t). Da wir von Quartalswerten ausgegangen waren, kann sich in der Restgröße u(t) ein saisonaler Einfluß bemerkbar machen.

Auch die Größe solcher saisonalen Einflüsse kann man mit statistischen Methoden feststellen[3]). Die Folge der u(t) bezeichnet man als trendbereinigte Zeitreihe. Werden aus der ursprünglichen Zeitreihe y(t) die saisonalen Einflüsse herausgerechnet, spricht man von einer saisonbereinigten Zeitreihe.

Hat man Beobachtungswerte für andere Zeitabschnitte als Quartale vorliegen (z. B. Tage, Wochen, Monate, Halbjahre), so muß die Formel für die Trendkomponente (45) entsprechend variiert werden. Für monatlich anfallende Beobachtungswerte würde die Formel z. B. lauten

$$(46) \quad Y(t) = \frac{1}{12}(0{,}5 \cdot y(t-6) + y(t-5) + \ldots + y(t) + \ldots$$
$$+ y(t+5) + 0{,}5 \cdot y(t+6))$$

Die Methode der Bestimmung der Trendkomponente durch gleitende Durchschnitte ist stets dann vorteilhaft, wenn starke Saisonschwankungen auftreten. Für Prognosezwecke ist sie jedoch nicht geeignet.

● **Beispiel 36**

In einem Unternehmen werden über einen Zeitraum die quartalsweisen Umsätze mit einem bestimmten Artikel beobachtet. Man berechne aus den in Tabelle 32 angegebenen Beobachtungswerten y(t) die Trendkomponente nach der Methode der gleitenden Mittelwerte und bilde die trendbereinigte Zeitreihe.

3) Siehe z. B. H. Kellerer: Statistik, in: Handbuch der Wirtschaftswissenschaften, Band II, Köln und Opladen 1966, S. 416 f.

Lösung:

Tabelle 32

Jahr	Quartal	t	Beobachtungswerte y(t)	Trendkomponente Y(t)	trendbereinigte Zeitreihe y(t) — Y(t)
(1)	(2)	(3)	(4)	(5)	(6)
1971	I	1	70	—	—
	II	2	140	—	—
	III	3	150	115,00	+ 35,00
	IV	4	60	137,50	— 77,50
1972	I	5	150	158,75	— 8,75
	II	6	240	183,75	+ 56,25
	III	7	220	200,00	+ 20,00
	IV	8	190	202,50	— 12,50
1973	I	9	150	205,00	— 55,00
	II	10	260	206,25	+ 46,25
	III	11	220	212,50	+ 7,50
	IV	12	200	223,75	— 23,75
1974	I	13	190	243,75	— 53,75
	II	14	310	271,25	+ 38,75
	III	15	330	—	—
	IV	16	310	—	—

Gegeben sind die Beobachtungswerte y(t). Mit t numerieren wir hier die einzelnen Quartale fortlaufend (Spalte (3)). Die Trendkomponente Y(t) wird nach (45) berechnet. Das bedeutet, daß nur für $t = 3, 4, \ldots, 14$ Werte für Y(t) ermittelt werden können. Die Berechnungen lauten z. B. für

$$t = 3,\ Y(3) = \tfrac{1}{4}(0{,}5 \cdot y(1) + y(2) + y(3) + y(4) + 0{,}5 \cdot y(5))$$

$$= \tfrac{1}{4}(35 + 140 + 150 + 60 + 75) = 115$$

$$t = 4,\ Y(4) = \tfrac{1}{4}(0{,}5 \cdot y(2) + y(3) + y(4) + y(5) + 0{,}5 \cdot y(6))$$

$$= \tfrac{1}{4}(70 + 150 + 60 + 150 + 120) = 137{,}5$$

$$t = 5,\ Y(5) = \tfrac{1}{4}(0{,}5 \cdot y(3) + y(4) + y(5) + y(6) + 0{,}5 \cdot y(7))$$
$$= \tfrac{1}{4}(75 + 60 + 150 + 240 + 110) = 158{,}75$$

.
.
.

$$t = 14,\ Y(14) = \tfrac{1}{4}(0{,}5 \cdot y(12) + y(13) + y(14) + y(15) + 0{,}5 \cdot y(16))$$
$$= \tfrac{1}{4}(100 + 190 + 310 + 330 + 155) = 271{,}25$$

Die Werte der trendbereinigten Zeitreihe lauten y(t) — Y(t). Da nur für t = 3, 4, . . ., 14 Trendkomponenten berechnet werden konnten, können wir auch nur für diese t-Werte die Differenzen bilden (Spalte (6)).

Trägt man diese Differenzen als Funktion von t in ein Koordinatensystem ein, so erkennt man an den Schwankungen um einen Normalwert sehr plastisch den Einfluß, den die Jahreszeiten auf den Absatz des betrachteten Artikels ausüben.

Übungsaufgabe 23

Für die Beobachtungswerte y(t) der in Tabelle 33 angegebenen ökonomischen Zeitreihe berechne man die Trendkomponenten nach der Methode der gleitenden Durchschnitte. Dabei ist für Y(t) eine zweckmäßige Formel (analog (45)) aufzustellen. Welcher Teil von y(t) ist nicht dem Trend zuzurechnen?

Tabelle 33

Jahr	Beobachtungswerte y(t)	
	1. Halbjahr	2. Halbjahr
1970	19,1	19,6
1971	21,3	21,7
1972	23,2	23,8
1973	25,3	26,0
1974	27,4	27,7
1975	29,1	29,6

E. Indexzahlen

Lernziel

> Nachdem Sie diesen Abschnitt durchgearbeitet haben, sollten Sie Preis-, Mengen- und Umsatzänderungen durch geeignete Indizes kennzeichnen können.

I. Allgemeines

Viele Vorgänge in wirtschaftlichen Bereichen unterliegen einer zeitlichen Veränderung. So bleiben z. B. Preise und mengenmäßige Umsätze bestimmter Güter, Löhne und vieles andere zeitlich nicht konstant, sondern sind Schwankungen unterschiedlicher Richtung und Stärke ausgesetzt. Um diese Schwankungen zu verdeutlichen, berechnet man für solche Größen Indexzahlen genannte Quotienten. Wir wollen hierbei zwischen einfachen und zusammengesetzten Indexzahlen unterscheiden.

Bei einfachen Indexzahlen[1]) werden die Werte einer im Zeitablauf beobachteten ökonomischen Größe auf einen festen Basiswert dieser Größe bezogen.

Bezeichnet man z. B. die in den Jahren 1900 bis 1975 beobachteten durchschnittlichen Arbeitnehmereinkommen mit $y_0, y_1, \ldots, y_{75}$ und verwendet den Wert y_0 als Basiswert, so drücken die Quotienten $\frac{y_1}{y_0}, \frac{y_2}{y_0}, \ldots, \frac{y_{75}}{y_0}$ die zeitliche Veränderung der durchschnittlichen Arbeitnehmereinkommen aus.

Meist werden die Quotienten noch mit 100 multipliziert, um Angaben in Prozenten zu erhalten. Die Zeitangabe des Nenners (in unserem Falle 0 für 1900) bezeichnet man als Bezugszeit. Auf den Beobachtungswert zur Bezugszeit (y_0) beziehen wir uns, wenn wir über die Entwicklung berichten. Die Zeitangabe des Zählers bezeichnet man als Berichtszeit. Der Quotient $\frac{y_{70}}{y_0} 100$ drückt so das durchschnittliche Arbeitnehmereinkommen des Jahres 1970 (Berichtsjahr) in Prozenten vom durchschnittlichen Arbeitnehmereinkommen des Jahres 1900 (Bezugsjahr) aus. Als Bezugsjahr kann dabei jedes Jahr eines beobachteten Zeitraumes und nicht nur das erste dienen.

Bei zusammengesetzten Indexzahlen sollen durchschnittliche Veränderungen von mehr als einer im Zeitablauf beobachteten Größe beschrieben werden.

Wir wollen als Beispiele für solche zusammengesetzten Indexzahlen Umsatz-, Preis- und Mengenindizes betrachten.

---

1) Oft werden die hier als einfache Indexzahlen bezeichneten Größen in der Literatur Maßzahlen genannt.

II. Zusammengesetzte Indexzahlen

1. Umsatzindex

Den Umsatz eines Gutes erhält man, indem man die umgesetzte Menge (q) dieses Gutes mit dem pro Einheit erzielten Preis (p) multipliziert. Wenn ein Betrieb in einem Jahre t_1 k bestimmte Produktarten verkauft hat, so betrug der Umsatz dieses Jahres

$$(47) \qquad p^{(1)}{}_{t_1} q^{(1)}{}_{t_1} + p^{(2)}{}_{t_1} q^{(2)}{}_{t_1} + \ldots + p^{(k)}{}_{t_1} q^{(k)}{}_{t_1} = \sum_{i=1}^{k} p^{(i)}{}_{t_1} q^{(i)}{}_{t_1}$$

Zum Vergleich zieht der Betrieb jetzt seinen Umsatz in einem Bezugsjahr t_0 heran, der

$$(48) \qquad p^{(1)}{}_{t_0} q^{(1)}{}_{t_0} + p^{(2)}{}_{t_0} q^{(2)}{}_{t_0} + \ldots + p^{(l)}{}_{t_0} q^{(l)}{}_{t_0} = \sum_{j=1}^{l} p^{(j)}{}_{t_0} q^{(j)}{}_{t_0}$$

betragen haben soll. Dabei muß es sich natürlich nicht um die gleichen Produktarten wie im Bezugsjahr handeln, da das Produktionsprogramm sich in der Zwischenzeit geändert haben kann. (Um das auszudrücken, läuft in (47) i von 1 bis k und in (48) j von 1 bis l.)

Als Umsatzindex U_{t_0, t_1} des Berichtsjahres t_1, ausgehend vom Bezugsjahr t_0, bezeichnet man das Verhältnis Umsatz des Berichtsjahres (47) zu Umsatz des Bezugsjahres (48), also

$$(49) \qquad \boxed{U_{t_0, t_1} = \frac{\sum_{i=1}^{k} p^{(i)}{}_{t_1} q^{(i)}{}_{t_1}}{\sum_{j=1}^{l} p^{(j)}{}_{t_0} q^{(j)}{}_{t_0}}}$$

Auch für Halbjahre, Quartale, Monate usw. sind Indizes dieser Art üblich. In der amtlichen Statistik wird der Umsatzindex z. B. verwendet zur Berechnung der Indizes der tatsächlichen Werte des Außenhandels (getrennt für Einfuhr- und Ausfuhrgüter)[2]).

2. Preisindizes

In den Umsatzindex gingen Änderungen des Umsatzes, also möglicherweise Änderungen von Preis *und* Menge der betrachteten Güterarten, ein. Beim Preisindex hingegen werden nur Änderungen der *Preise* einer bestimmten festgelegten Gütergruppe in Betracht gezogen. Im Gegensatz zu (49) stehen also bei den Preisindizes die *gleichen* Güter $i = 1, \ldots, k$ in Zähler und Nenner, und zwar werden die gleichen Mengen $q^{(i)}{}_t$ $(i = 1, \ldots, k)$ dieser Güter in Bezugs- und Berichtszeit verwendet. Das können z. B. Mengen sein, die in der Bezugszeit oder in der Berichtszeit ($q^{(i)}{}_{t_0}$ bzw. $q^{(i)}{}_{t_1}$, $i = 1, \ldots, k$) ermittelt wurden.

---

2) Die numerischen Werte für diesen und die im folgenden zitierten Indizes können dem jährlich vom Statistischen Bundesamt herausgegebenen „Statistischen Jahrbuch für die Bundesrepublik Deutschland" entnommen werden.

Von beiden Möglichkeiten wird Gebrauch gemacht, und zwar nennt man den Preisindex, der die Gütermengen der Bezugszeit $q^{(i)}_{t0}$ (i = 1, ..., k) verwendet, den Preisindex nach Laspeyres:

(50)
$$_{L}P_{t0,\,t1} = \frac{\sum\limits_{i=1}^{k} p^{(i)}_{t1}\, q^{(i)}_{t0}}{\sum\limits_{i=1}^{k} p^{(i)}_{t0}\, q^{(i)}_{t0}}$$

In diesem sehr häufig verwendeten Preisindex gibt der Nenner den Betrag an, den man für eine bestimmte festgelegte Mengenkombination von Gütern im Bezugsjahr hat bezahlen müssen. Der Zähler gibt den Betrag an, den die gleiche Mengenkombination im Berichtsjahr kostet.

Der Preisindex nach Laspeyres informiert also darüber, wie die Preise für eine ausgewählte Mengenkombination in einem Zeitraum im Durchschnitt gestiegen (oder gefallen) sind.

In der amtlichen Statistik wird der Preisindex nach Laspeyres z. B. verwendet zur Berechnung der Preisindizes der Lebenshaltung, des Index der durchschnittlichen Bruttowochenverdienste der Industriearbeiter[3]), des Index der durchschnittlichen Bruttoverdienste der Angestellten in Industrie und Handel[4]), des Index der Einzelhandelspreise und des Index der Aktienkurse[5]).

Verwendet man die Gütermengen der Berichtszeit $q^{(i)}_{t1}$ (i = 1, ..., k), so erhält man den Preisindex nach Paasche:

(51)
$$_{P}P_{t0,\,t1} = \frac{\sum\limits_{i=1}^{k} p^{(i)}_{t1}\, q^{(i)}_{t1}}{\sum\limits_{i=1}^{k} p^{(i)}_{t0}\, q^{(i)}_{t1}}$$

Der Zähler gibt hier den Betrag an, den man im Berichtsjahr für eine bestimmte Gütermengenkombination anlegen muß, und der Nenner den Betrag, den die gleiche Mengenkombination im Bezugsjahr gekostet hätte. In der amtlichen Statistik findet der Preisindex nach Paasche Anwendung bei der Bestimmung der Indizes der Durchschnittswerte der Einfuhr- und der Ausfuhrgüter.

Es gibt neben $_{L}P$ und $_{P}P$ noch weitere Preisindizes, die jedoch in der Praxis nicht die Bedeutung der genannten Indizes erlangt haben.

3. Mengenindizes

Bei den Mengenindizes werden im Gegensatz zu den Preisindizes konstante Preise und sich ändernde Mengen für eine festgelegte Güterkombination betrachtet. Das bedeutet: Zunächst werden die Güterarten festgelegt, die man in

3) „Preis" ist hier der durchschnittliche Wochenlohn der einzelnen Arbeitergruppen.

4) „Preis" ist das durchschnittliche Monatsgehalt der einzelnen Angestelltengruppen.

5) „Preise" sind Kurswerte für eine Anzahl bestimmter, ausgewählter Aktien.

Zähler und Nenner gleichermaßen berücksichtigen will. Für diese Güterarten liegen in einem Bezugsjahr und in einem Berichtsjahr beobachtete Mengen vor ($q^{(i)}_{t0}$ bzw. $q^{(i)}_{t1}$; $i = 1, \ldots, k$). Diese Mengen werden mit Preisen gewichtet, die in einem bestimmten Jahr beobachtet wurden.

Verwenden wir hier die Preise des Bezugsjahres $p^{(i)}_{t0}$ ($i = 1, \ldots, k$), so erhalten wir den Mengenindex nach Laspeyres:

(52) $$_{L}Q_{t0,\,t1} = \frac{\sum\limits_{i=1}^{k} p^{(i)}_{t0} \cdot q^{(i)}_{t1}}{\sum\limits_{i=1}^{k} p^{(i)}_{t0} \cdot q^{(i)}_{t0}}$$

Verwenden wir die Preise des Berichtsjahres $p^{(i)}_{t1}$ ($i = 1, \ldots, k$), so erhalten wir den Mengenindex nach Paasche:

(53) $$_{P}Q_{t0,\,t1} = \frac{\sum\limits_{i=1}^{k} p^{(i)}_{t1} \cdot q^{(i)}_{t1}}{\sum\limits_{i=1}^{k} p^{(i)}_{t1} \cdot q^{(i)}_{t0}}$$

Als Beispiel für die Anwendung des Mengenindex nach Laspeyres in der amtlichen Statistik seien die Indizes des Volumens des Außenhandels (für Einfuhr- und Ausfuhrgüter getrennt) genannt.

Außer den hier angegebenen Formeln von Laspeyres und Paasche gibt es noch andere, in der Praxis jedoch weniger gebräuchliche Mengenindizes.

4. Zusammenfassung

Die hier besprochenen und in der Praxis hauptsächlich verwendeten Indizes haben alle die Form

(54) $$\frac{\sum\limits_{i} p_{.}^{(i)}\, q_{.}^{(i)}}{\sum\limits_{i} p_{.}^{(i)}\, q_{.}^{(i)}},$$ [6]

wobei für die mit „." bezeichneten Leerstellen bestimmte t-Werte eingesetzt werden können. Fassen wir die Leerstellen entsprechend ihrer Anordnung in (54) in einem Schema zusammen (: :) und setzen für die Punkte spezielle t-Werte ein, so erhalten wir durch

$$\begin{pmatrix} \cdot & \cdot \\ \cdot & \cdot \end{pmatrix} = \begin{pmatrix} t_1 & t_1 \\ t_0 & t_0 \end{pmatrix}$$ den Umsatzindex (hier sind in Zähler und Nenner verschiedene Güter möglich),

6) Daß für den Umsatzindex im Nenner als variierender Index j stehen müßte, wollen wir bei dieser symbolischen Schreibweise vernachlässigen.

$$\begin{pmatrix} \cdot & \cdot \\ \cdot & \cdot \end{pmatrix} = \begin{pmatrix} t_1 & t_0 \\ t_0 & t_0 \end{pmatrix}$$ den Preisindex nach Laspeyres,

$$\begin{pmatrix} \cdot & \cdot \\ \cdot & \cdot \end{pmatrix} = \begin{pmatrix} t_1 & t_1 \\ t_0 & t_1 \end{pmatrix}$$ den Preisindex nach Paasche,

$$\begin{pmatrix} \cdot & \cdot \\ \cdot & \cdot \end{pmatrix} = \begin{pmatrix} t_0 & t_1 \\ t_0 & t_0 \end{pmatrix}$$ den Mengenindex nach Laspeyres,

$$\begin{pmatrix} \cdot & \cdot \\ \cdot & \cdot \end{pmatrix} = \begin{pmatrix} t_1 & t_1 \\ t_1 & t_0 \end{pmatrix}$$ den Mengenindex nach Paasche.

● **Beispiel 37**

Ein Betrieb entnimmt seiner Absatzstatistik für 4 ausgewählte Warenarten die in Tabelle 34 zusammengestellten Angaben der Jahre 1970 und 1975.

Tabelle 34

	1970		1975	
Waren-nummer i	abgesetzte Mengen in Stück $q_{t_0}^{(i)}$	erzielter Preis je Einheit in DM $p_{t_0}^{(i)}$	abgesetzte Mengen in Stück $q_{t_1}^{(i)}$	erzielter Preis je Einheit in DM $p_{t_1}^{(i)}$
1	85	240	93	209
2	67	350	59	510
3	40	470	55	520
4	107	100	95	120

Man ermittle aus diesen Angaben den Umsatzindex sowie die Preis- und Mengenindizes nach Laspeyres und Paasche.

Lösung:

Tab. 35: Rechentabelle

i	$p_{t_0}^{(i)}\ q_{t_0}^{(i)}$	$p_{t_1}^{(i)}\ q_{t_1}^{(i)}$	$p_{t_1}^{(i)}\ q_{t_0}^{(i)}$	$p_{t_0}^{(i)}\ q_{t_1}^{(i)}$
1	20 400	19 437	17 765	22 320
2	23 450	30 090	34 170	20 650
3	18 800	28 600	20 800	25 850
4	10 700	11 400	12 840	9 500
	73 350	89 527	85 575	78 320

$$U_{t0,\, t1} = \frac{89\,527}{73\,350} \approx 1{,}221 \text{ oder } 122{,}1\,\%$$

$$_{L}P_{t0,\, t1} = \frac{85\,575}{73\,350} \approx 1{,}167 \text{ oder } 116{,}7\,\%$$

$$_{P}P_{t0,\, t1} = \frac{89\,527}{78\,320} \approx 1{,}143 \text{ oder } 114{,}3\,\%$$

$$_{L}Q_{t0,\, t1} = \frac{78\,320}{73\,350} \approx 1{,}068 \text{ oder } 106{,}8\,\%$$

$$_{P}Q_{t0,\, t1} = \frac{89\,527}{85\,575} \approx 1{,}046 \text{ oder } 104{,}6\,\%.$$

Lösungen zu den Übungsaufgaben

Zu Übungsaufgabe 1

Bei dem Gewinn (Verlust) handelt es sich strenggenommen um ein diskretes quantitatives Merkmal, weil selbst bei Betrachtung nicht-gerundeter Beobachtungswerte nur einzelne Punkte (ganze Pfennigbeträge) auf der Merkmalsachse als Merkmalsausprägungen angenommen werden können. Da aber eine hinreichend große Anzahl von Merkmalsausprägungen angenommen werden kann, behandelt man ein solches Merkmal wie ein stetiges Merkmal.

Zu 1: Häufigkeitsverteilung in ausführlicher Form

Tabelle 36

Klassennummer i	Klasse enthält alle Beobachtungswerte x_ν [1000 DM] mit $\tilde{x}_{i-1} < x_\nu \leq \tilde{x}_i$	Klassenmitten x_i	absolute Häufigkeiten n_i	relative Häufigkeiten[1] $\frac{n_i}{n}$	aufsummierte relative Häufigkeiten $F(\tilde{x}_i)$
(0)	(1)	(2)	(3)	(4)	(5)
1	$-50 < x_\nu \leq -30$	-40	1	0,0156	0,0156
2	$-30 < x_\nu \leq -10$	-20	3	0,0469	0,0625
3	$-10 < x_\nu \leq 0$	-5	4	0,0625	0,1250
4	$0 < x_\nu \leq 10$	5	8	0,1250	0,2500
5	$10 < x_\nu \leq 20$	15	16	0,2500	0,5000
6	$20 < x_\nu \leq 30$	25	16	0,2500	0,7500
7	$30 < x_\nu \leq 50$	40	11	0,1719	0,9219
8	$50 < x_\nu \leq 70$	60	4	0,0625	0,9844
9	$70 < x_\nu \leq 100$	85	1	0,0156	1,0000
			$n = 64$	1,0000	

Zu 2:

Gesucht ist zunächst $F(-4)$. Unter der Annahme gleichmäßiger Verteilung der Beobachtungswerte in der 3. Klasse können wir linear interpolieren.

1) Häufigkeiten teilweise gerundet.

Abbildung 17

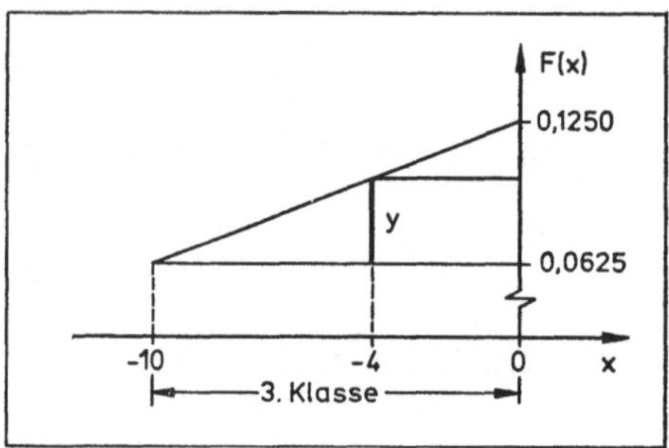

In dem skizzierten Dreieck gilt:

$$\frac{0{,}1250 - 0{,}0625}{-10} = \frac{y}{-6},$$

woraus folgt: $y = 0{,}0375$

und damit: $F(-4) = 0{,}0625 + 0{,}0375 = 0{,}1$

Aussage: Unter der Annahme gleichmäßiger Verteilung der Beobachtungswerte in der 3. Klasse weisen 10 % der Filialen (= Beobachtungswerte) einen Verlust von mindestens 4000 DM ($x = -4$) auf.

$F(0) = 0{,}125$. Diesen Wert können wir direkt ablesen. Zur Berechnung von $F(15)$ müssen wir in der 5. Klasse linear interpolieren. Es ergibt sich

$$\frac{0{,}5 - 0{,}25}{20 - 10} = \frac{y}{20 - 15},$$

woraus folgt: $y = 0{,}125$ und damit:

$$F(15) = 0{,}25 + 0{,}125 = 0{,}375.$$

Aussage: unter der Annahme gleichmäßiger Verteilung der Beobachtungswerte in der 5. Klasse weisen 37,5 % der Filialen einen Gewinn von maximal 15 000 DM auf.

$F(30) = 0{,}75$ ist direkt abzulesen.

Zur Berechnung von $F(43)$ müssen wir in der 7. Klasse linear interpolieren. Es ergibt sich

$$\frac{0{,}9219 - 0{,}75}{50 - 30} = \frac{y}{43 - 30},$$

woraus folgt: $y = 0{,}1116$ (gerundet)

und damit:

$$F(43) = 0{,}75 + 0{,}1117 = 0{,}8617$$

A u s s a g e : 86,17 % der Filialen weisen einen Gewinn von höchstens 43 000 DM auf (unter der gleichen Annahme wie in den anderen Fällen).

In diesem Beispiel liegt eine endliche Anzahl von Beobachtungswerten (64 Filialen) vor. F(x) ist aber für jeden x-Wert (also unendlich viele) definiert. Daher müssen die Ergebnisse bei der empirischen Verteilungsfunktion sinngemäß interpretiert werden. Es gilt z. B. F(43) = 0,8617. 86,17 % der 64 Filialen sind aber 55,15. Hier könnte man etwa formulieren: 55 Filialen hatten einen Gewinn von *weniger als* 43 000 DM.

Zu Übungsaufgabe 2

Bei der Lebensdauer der Reifen handelt es sich um ein stetiges quantitatives Merkmal.

Z u 1 : Häufigkeitsverteilung

Es sollen 6 äquidistante Klassen gebildet werden. $\tilde{x}_0 = 27,5$ ist der untere Wechselpunkt der 1. Klasse, und $\tilde{x}_6 = 57,5$ ist der obere Wechselpunkt der 6. Klasse. Die äquidistante Klassenbreite erhält man hier durch $\frac{1}{6}(\tilde{x}_6 - \tilde{x}_0) = 5$.

Tabelle 37

Klassen-nummer i	Beobachtungswerte x_ν [1000 km] $\tilde{x}_{i-1} < x_\nu \leq \tilde{x}_i$	Klassen-mitten x_i	absolute Häufig-keiten n_i	relative Häufig-keiten $\frac{n_i}{n}$	auf-summierte relative Häufig-keiten $F(\tilde{x}_i)$
(0)	(1)	(2)	(3)	(4)	(5)
1	$27,5 < x_\nu \leq 32,5$	30	3	0,06	0,06
2	$32,5 < x_\nu \leq 37,5$	35	4	0,08	0,14
3	$37,5 < x_\nu \leq 42,5$	40	8	0,16	0,30
4	$42,5 < x_\nu \leq 47,5$	45	16	0,32	0,62
5	$47,5 < x_\nu \leq 52,5$	50	13	0,26	0,88
6	$52,5 < x_\nu \leq 57,5$	55	6	0,12	1,00
			n = 50	1,00	

Z u 2 :

F(36,25) erhält man durch lineare Interpolation in der 2. Klasse:

$$\frac{0,14 - 0,06}{37,5 - 32,5} = \frac{y}{36,25 - 32,5},$$

woraus folgt: y = 0,06

und damit:

$$F(36{,}25) = 0{,}06 + 0{,}06 = 0{,}12$$

A u s s a g e : Unter der Annahme gleichmäßiger Verteilung der Beobachtungswerte in der 2. Klasse weisen 12 % der Beobachtungswerte (d. h. 6 Reifen) eine Lebensdauer von höchstens 36 250 km auf.

F(40) erhält man durch lineare Interpolation in der 3. Klasse:

$$\frac{0{,}30 - 0{,}14}{42{,}5 - 37{,}5} = \frac{y}{40 - 37{,}5}; \quad = 0{,}08;$$

$$F(40) = 0{,}14 + 0{,}08 = 0{,}22.$$

Zu Übungsaufgabe 3

Es liegen n = 64 in k = 9 Klassen gruppierte Beobachtungswerte vor, für die $\bar{x}$ nach Formel (2) zu berechnen ist. Der Übersichtlichkeit wegen verwende man bei derartigen Berechnungen als Rechentabelle die Häufigkeitsverteilung.

Tabelle 38

i	x_i	n_i	$x_i \cdot n_i$
1	— 40	1	— 40
2	— 20	3	— 60
3	— 5	4	— 20
4	5	8	40
5	15	16	240
6	25	16	400
7	40	11	440
8	60	4	240
9	85	1	85
		n = 64	1 325

$$\bar{x} = \frac{1}{64} \sum_{i=1}^{9} x_i \cdot n_i = \frac{1}{64} 1325 \approx 20{,}7031$$

A u s s a g e : Die Beobachtungswerte (Gewinn/Verlust je Filiale) sind im Mittel bei 20 703 DM (Gewinn) lokalisiert.

Zu Übungsaufgabe 4

Es liegen n = 50 in k = 6 Klassen gruppierte Beobachtungswerte vor, für die $\bar{x}$ nach (2) zu berechnen ist.

Tabelle 39

i	x_i	n_i	$x_i \cdot n_i$
1	30	3	90
2	35	4	140
3	40	8	320
4	45	16	720
5	50	13	650
6	55	6	330
		n = 50	2 250

$$\bar{x} = \frac{1}{50} \sum_{i=1}^{6} x_i \cdot n_i = \frac{1}{50} 2250 = 45$$

Aussage: Die Beobachtungswerte (Lebensdauer der Reifen) sind im Mittel bei 45 000 km lokalisiert.

Zu Übungsaufgabe 5

Gesucht ist der Median. Der Wert $F(x) = 0{,}5$ wird hier für den Wert $x = 20 = Me$ angenommen, wie sich der Häufigkeitsverteilung (Lösung zu Übungsaufgabe 1) direkt entnehmen läßt.

Aussage: Der Gewinn von 20 000 DM wurde von 50 % der Filialen (Beobachtungswerte) nicht überschritten. (Desgleichen wurde er von 50 % der Filialen nicht unterschritten.)

Zu Übungsaufgabe 6

Der Wert $F(x) = 0{,}5$ wird in der 4. Klasse überschritten. Zur Berechnung des Me müssen wir also in dieser Klasse linear interpolieren. (Zur Veranschaulichung zeichne man sich das benötigte Dreieck.) Es ergibt sich

$$\frac{47{,}5 - 42{,}5}{0{,}62 - 0{,}30} = \frac{z}{0{,}50 - 0{,}30},$$

woraus folgt: $z = 312{,}5$

und damit:

$$Me = 42{,}5 + z = 45{,}625$$

Aussage: Die Lebensdauer von 45 625 km wurde von 50 % der Reifen nicht überschritten. (Desgleichen wurde sie von 50 % nicht unterschritten.)

Zu Übungsaufgabe 7

Die mittlere Wachstumsrate ist der um 1 verminderte mittlere Wachstumsfaktor, der zunächst zu berechnen ist als das geometrische Mittel der einzelnen Wachstumsfaktoren.

Tabelle 40

Jahr t	durchschnittliche Versicherungssumme x_t	Wachstumsfaktor $y_t = \frac{x_t}{x_{t-1}}$
1969	3 661	—
1970	4 049	1,105982
1971	4 679	1,155594
1972	5 272	1,126736
1973	5 848	1,109256
1974	6 328	1,082079

Mittlerer Wachstumsfaktor:

$$G = \sqrt[5]{1{,}105982 \cdot \ldots \cdot 1{,}082079}$$
$$= \sqrt[5]{1{,}7284876} = 1{,}7284876^{\frac{1}{5}} = 1{,}7284876^{0{,}2} \approx 1{,}115664$$

Mittlere Wachstumsrate = 0,115664 (oder 11,5664 %).

Zu Übungsaufgabe 8

Der 20 %-Punkt $x_{0,20}$ ist der Wert auf der x-Achse, der von 20 % der Beobachtungswerte nicht überschritten wird (an dem die empirische Verteilungsfunktion also den Wert 0,20 annimmt). Dieser Wert $F(x_{0,20}) = 0{,}20$ wird in der 4. Klasse überschritten, in der wir linear interpolieren müssen (Skizze des Dreiecks!). Wegen der Ähnlichkeit der betrachteten Dreiecke gilt:

$$\frac{10}{0{,}25 - 0{,}125} = \frac{z}{0{,}20 - 0{,}125},$$
$$z = 6$$

und damit:
$$x_{0,20} = 0 + z = 6$$

Aussage: 20 % (80 %) der Filialen wiesen einen Gewinn aus, der 6000 DM nicht überschritt (unterschritt).

Der 80 %-Punkt $x_{0,80}$ (für den gilt $F(x_{0,80}) = 0{,}80$) liegt in der 7. Klasse, in der wir linear interpolieren müssen. Wegen der Ähnlichkeit der betrachteten Dreiecke gilt:

$$\frac{50 - 30}{0{,}9219 - 0{,}75} = \frac{z}{0{,}80 - 0{,}75},$$
$$z \approx 5{,}817$$

und damit:
$$x_{0,80} = 30 + z \approx 35{,}817$$

Aussage: 80 % (20 %) der Filialen wiesen einen Gewinn aus, der 35 817 DM nicht überschritt (unterschritt).

Zu Übungsaufgabe 9

Der 25 %-Punkt $x_{0,25}$ (für den gilt $F(x_{0,25}) = 0,25$) liegt in der 3. Klasse. Lineare Interpolation ergibt

$$\frac{42,5 - 37,5}{0,30 - 0,14} = \frac{z}{0,25 - 0,14},$$

$$z = 3,4375,$$

$$x_{0,25} = 37,5 + z = 40,9375$$

Aussage: 25 % (75 %) der Reifen wiesen eine Lebensdauer von nicht über (unter) 40 937,5 km auf.

Der 75 %-Punkt $x_{0,75}$ ($F(x_{0,75}) = 0,75$) liegt in der 5. Klasse. Lineare Interpolation ergibt:

$$\frac{52,5 - 47,5}{0,88 - 0,62} = \frac{z}{0,75 - 0,62},$$

$$z = 2,5,$$

$$x_{0,75} = 47,5 + z = 50$$

Aussage: 75 % (25 %) der Reifen wiesen eine Lebensdauer von nicht über (unter) 50 000 km auf.

Zu Übungsaufgabe 10

Das arithmetische Mittel $\bar{x} = 20,7031$ war in Übungsaufgabe 3 berechnet worden.

Es liegen gruppierte Beobachtungswerte vor, daher können wir s_x^2 nach Formel (13) oder nach den Formeln (17), (19) berechnen.

Tabelle 41

i	x_i	n_i	$(x_i - \bar{x})^2$	$(x_i - \bar{x})^2 \cdot n_i$	$x_i^2 \cdot n_i$
(0)	(1)	(2)	(3)	(4)	(5)
1	— 40	1	3 684,8663	3 684,8663	1 600
2	— 20	3	1 656,7423	4 970,2269	1 200
3	— 5	4	660,6493	2 642,5972	100
4	+ 5	8	246,5873	1 972,6984	200
5	+ 15	16	32,5253	520,4048	3 600
6	+ 25	16	18,4633	295,4128	10 000
7	+ 40	11	372,3703	4 096,0733	17 600
8	+ 60	4	1 544,2463	6 176,9852	14 400
9	+ 85	1	4 134,0913	4 134,0913	7 225
		64		28 493,3562	55 925

Nach (13) gilt:

$$s_x^2 = \frac{1}{64} \sum_{i=1}^{9} (x_i - 20{,}7031)^2 \cdot n_i$$

$$= \frac{1}{64} \cdot 28\,493{,}3562 \approx 445{,}21 \text{ (1000 DM)}^2$$

Nach (19) gilt:

$$\overline{x^2} = \frac{1}{64} \sum_{i=1}^{9} x_i^2 \cdot n_i = \frac{1}{64} \,.\, 55\,925 = 873{,}8281$$

$$\bar{x}^2 = 20{,}7031^2 = 428{,}6183$$

Nach (17) gilt:

$$s_x^2 = \overline{x^2} - \bar{x}^2 = 873{,}8281 - 428{,}6183 \approx 445{,}21 \text{ (1000 DM)}^2.$$

Nach beiden Berechnungsmethoden erhalten wir (von Rundungsdifferenzen abgesehen) den gleichen Wert für s_x.

$$s_x \approx 21{,}1 \text{ (1000 DM)}.$$

Die einfachere Berechnungsmethode ist hier die nach Formel (17).

Zu Übungsaufgabe 11

Das arithmetische Mittel $\bar{x} = 45$ war in Übungsaufgabe 4 berechnet worden. Es liegen gruppierte Beobachtungswerte vor, daher können wir s_x^2 nach Formel (13) oder nach den Formeln (17), (19) berechnen.

Tabelle 42

i	x_i	n_i	$(x_i - \bar{x})^2 \cdot n_i$	$x_i^2 \cdot n_i$
(0)	(1)	(2)	(3)	(4)
1	30	3	675	2 700
2	35	4	400	4 900
3	40	8	200	12 800
4	45	16	0	32 400
5	50	13	325	32 500
6	55	6	600	18 150
		50	2 200	103 450

Nach (13) gilt:

$$s_x^2 = \frac{1}{50} \sum_{i=1}^{6} (x_i - 45)^2 \, n_i$$

$$= \frac{1}{50} \, 2200 = 44 \text{ (1000 km)}^2$$

Nach (19) gilt:

$$\overline{x^2} = \frac{1}{50} \sum_{i=1}^{6} x_i^2 \cdot n_i$$

$$= \frac{1}{50} 103\,450 = 2069$$

$$\bar{x}^2 = 45^2 = 2025$$

Nach (17) gilt:

$$s_x^2 = \overline{x^2} - \bar{x}^2 = 2069 - 2025 = 44 \text{ (1000 km)}^2$$

Nach beiden Berechnungsmethoden erhalten wir den gleichen Wert für s_x:

$$s_x \approx 6{,}633 \text{ (1000 km)}.$$

Die einfachere Berechnungsmethode ist hier die nach Formel (13).

Zu Übungsaufgabe 12

Die empirische Varianz können wir aus der Urliste oder aus der Häufigkeitsverteilung (Tabelle 4) berechnen. Da die Berechnung aus der Häufigkeitsverteilung übersichtlicher ist, werden wir diese vorziehen.

Ein Informationsverlust tritt hier nicht auf, denn auch aus der Häufigkeitsverteilung ist die genaue Lage jedes einzelnen Beobachtungswertes auf der Merkmalsachse zu ersehen.

In dieser Aufgabe müssen wir das arithmetische Mittel noch berechnen.

Die empirische Varianz ist hier einfacher nach den Formeln (17) und (19) zu berechnen. (Man überprüfe das!)

Tabelle 43

i	x_i	n_i	$x_i \cdot n_i$	$x_i^2 \cdot n_i$
(0)	(1)	(2)	(3)	(4)
1	0	2	0	0
2	1	4	4	4
3	2	6	12	24
4	3	7	21	63
5	4	9	36	144
6	5	6	30	150
7	6	4	24	144
8	7	2	14	98
9	8	3	24	192
10	9	1	9	81
		44	174	900

Arithmetisches Mittel:

$$\bar{x} = \frac{1}{44} \sum_{i=1}^{10} x_i \cdot n_i = \frac{1}{44} 174$$

$$\bar{x} \approx 3{,}954545 \text{ Stck.}$$

$$\bar{x}^2 \approx 15{,}638426$$

Empirische Varianz:

Nach (19) gilt:

$$\overline{x^2} = \frac{1}{44} \sum_{i=1}^{10} x_i^2 \cdot n_i = \frac{1}{44} 900$$

$$\overline{x^2} \approx 20{,}454545$$

Nach (17) gilt:

$$s_x^2 = \overline{x^2} - \bar{x}^2$$

$$= 20{,}454545 - 15{,}638426$$

$$s_x^2 \approx 4{,}8162 \text{ Stck.}^2$$

$$s_x \approx 2{,}19 \text{ Stck.}$$

Zu Übungsaufgabe 13

Abb. 18: Zentrale 60 %-Breite

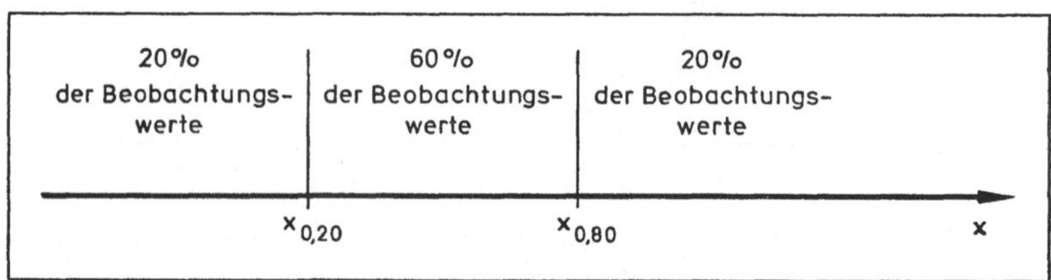

$x_{0,20} = 6$; $x_{0,80} = 35{,}817$ (siehe Übungsaufgabe 9).

Aussage: Die zentralen 60 % der Beobachtungswerte liegen zwischen Gewinnen von 6000 DM und 35 817 DM.

Zu Übungsaufgabe 14

$x_{0,25} = 40{,}9375$; $x_{0,75} = 50$ (siehe Übungsaufgabe 9).

Aussage: Die zentralen 50 % der Beobachtungswerte liegen zwischen Lebensdauern von 40 937,5 km und 50 000 km.

Zu Übungsaufgabe 15

Es liegen $n = 8$ Beobachtungspaare in Form einer Beobachtungsdoppelreihe vor.

Wir verwenden:

zur Berechnung der arithmetischen Mittel $\bar{x}$, $\bar{y}$ die Formel (1),

zur Berechnung der empirischen Varianzen s_x^2, s_y^2: (17) und (18),

zur Berechnung der empirischen Kovarianz cov(x, y): (22) und (23).

Tabelle 44

Jahr	Werbe-aufwen-dungen in Mio. DM x_ν	Gewinn in Mio. DM y_ν	x_ν^2	y_ν^2	$x_\nu \cdot y_\nu$
(0)	(1)	(2)	(3)	(4)	(5)
1968	2,2	20,5	4,84	420,25	45,1
1969	2,0	21,8	4,0	475,24	43,6
1970	2,1	21,3	4,41	453,69	44,73
1971	2,5	26,5	6,25	702,25	66,25
1972	3,0	25,8	9,0	665,64	77,4
1973	2,8	26,3	7,84	691,69	73,64
1974	3,2	27,8	10,24	772,84	88,96
1975	3,0	30,0	9,0	900,0	90,0
	20,8	200,0	55,58	5 081,6	529,68

$$\bar{x} = \frac{1}{8} \sum_{\nu=1}^{8} x_\nu = \frac{1}{8} 20{,}8 = 2{,}6 \text{ Mill. DM}$$

$$\bar{y} = \frac{1}{8} \sum_{\nu=1}^{8} y_\nu = \frac{1}{8} 200 = 25 \text{ Mill. DM}$$

$$\overline{x^2} = \frac{1}{8} \sum_{\nu=1}^{8} x_\nu^2 = \frac{1}{8} 55{,}58 = 6{,}9475$$

$$s_x^2 = \overline{x^2} - \bar{x}^2 = 6{,}9475 - 2{,}6^2 = 0{,}1875$$

$$s_x \approx 0{,}433013 \text{ Mill. DM}$$

$$\overline{y^2} = \frac{1}{8} \sum_{\nu=1}^{8} y_\nu^2 = \frac{1}{8} 5081{,}6 = 635{,}2$$

$$s_y^2 = \overline{y^2} - \bar{y}^2 = 635{,}2 - 25^2 = 10{,}2$$

$$s_y \approx 3{,}193744 \text{ Mill. DM}$$

$$\overline{yx} = \frac{1}{8} \sum_{\nu=1}^{8} x_\nu \cdot y_\nu = \frac{1}{8} 529{,}68 = 66{,}21$$

$$\text{cov}(x, y) = \overline{xy} - \bar{x}\,\bar{y} = 66{,}21 - 2{,}6 \cdot 25 = 1{,}21$$

Zu Übungsaufgabe 16

Die benötigten bedingten Verteilungen schreiben wir uns aus Tabelle 16 als Rechentabellen heraus.

Tabelle 45

i	x_i	$y_1 = 162$		$y_3 = 178$		$y_4 = 186$		$y_5 = 194$	
		n_{i1}	$x_i n_{i1}$	n_{i3}	$x_i n_{i3}$	n_{i4}	$x_i n_{i4}$	n_{i5}	$x_i n_{i5}$
1	50	1	50	0	0	0	0	0	0
2	60	4	240	2	120	0	0	0	0
3	70	2	140	7	490	4	280	0	0
4	80	1	80	7	560	5	400	0	0
5	90	0	0	3	270	5	450	1	90
6	100	0	0	1	100	3	300	2	200
		$n_{.1} = 8$	510	$n_{.3} = 20$	1 540	$n_{.4} = 17$	1 430	$n_{.5} = 3$	290

$$\overline{x}(y_1) = \frac{1}{n_{.1}} \sum_{i=1}^{6} x_i n_{i1} = \frac{1}{8} 510 = 63,75$$

$$\overline{x}(y_3) = \frac{1}{n_{.3}} \sum_{i=1}^{6} x_i n_{i3} = \frac{1}{20} 1540 = 77$$

$$\overline{x}(y_4) = \frac{1}{n_{.4}} \sum_{i=1}^{6} x_i n_{i4} = \frac{1}{17} 1430 \approx 84,117647$$

$$\overline{x}(y_5) = \frac{1}{n_{.5}} \sum_{i=1}^{6} x_i n_{i5} = \frac{1}{3} 290 = 96,6$$

Tabelle 46

j	y_j	$x_1 = 50$		$x_2 = 60$		$x_4 = 80$		$x_5 = 90$		$x_6 = 100$	
		n_{1j}	$y_j n_{1j}$	n_{2j}	$y_j n_{2j}$	n_{4j}	$y_j n_{4j}$	n_{5j}	$y_j n_{5j}$	n_{6j}	$y_j n_{6j}$
1	162	1	162	4	648	1	162	0	0	0	0
2	170	1	170	7	1 190	4	680	2	340	0	0
3	178	0	0	2	356	7	1 246	3	534	1	178
4	186	0	0	0	0	5	930	5	930	3	558
5	194	0	0	0	0	0	0	1	194	2	388
		$n_{1.} = 2$	332	$n_{2.} = 13$	2 194	$n_{4.} = 17$	3 018	$n_{5.} = 11$	1 998	$n_{6.} = 6$	1 124

$$\bar{y}(x_1) = \frac{1}{n_{1.}} \sum_{j=1}^{5} y_j n_{1j} = \frac{1}{2} 332 = 166$$

$$\bar{y}(x_2) = \frac{1}{n_{2.}} \sum_{j=1}^{5} y_j n_{2j} = \frac{1}{13} 2194 \approx 168{,}769231$$

$$\bar{y}(x_4) = \frac{1}{n_{4.}} \sum_{j=1}^{5} y_j n_{4j} = \frac{1}{17} 3018 \approx 177{,}529412$$

$$\bar{y}(x_5) = \frac{1}{n_{5.}} \sum_{j=1}^{5} y_j n_{5j} = \frac{1}{11} 1998 = 181{,}6\bar{3}$$

$$\bar{y}(x_6) = \frac{1}{n_{6.}} \sum_{j=1}^{5} y_j n_{6j} = \frac{1}{6} 1124 = 187{,}\bar{3}$$

Zu Übungsaufgabe 17

Wir berechnen die empirische Kovarianz cov(x, y) nach (29). Zur Vereinfachung verwenden wir hierbei $\bar{x}$, $\bar{y}$, auf 3 Stellen nach dem Komma gerundet. Das Ergebnis kontrollieren wir nach (22), (30). Die Zahlenwerte in den einzelnen Feldern der Rechentabelle 47 sind in gleicher Weise angeordnet wie in Beispiel 26, also:

$x_i - \bar{x}$		$x_i y_j n_{ij}$
	n_{ij}	
$y_j - \bar{y}$		$(x_i - \bar{x})(y_j - \bar{y}) n_{ij}$

Nach (29) erhalten wir

$$\begin{aligned} \text{cov}(x, y) &= \frac{1}{70} \sum_{i=1}^{6} \sum_{j=1}^{5} (x_i - 75{,}714)(y_j - 176{,}286) n_{ij} \\ &= \frac{1}{70} (367{,}3502 + 897{,}9608 + \ldots + 860{,}4044) \\ &= \frac{1}{70} 4765{,}7140 = 68{,}0816 \end{aligned}$$

Nach (30) erhalten wir

$$\begin{aligned} \overline{xy} &= \frac{1}{70} \sum_{i=1}^{6} \sum_{j=1}^{5} x_i y_j n_{ij} \\ &= \frac{1}{70} (8100 + 38\,880 + \ldots + 38\,800) \\ &= \frac{1}{70} 939\,080 = 13\,415{,}4286 \end{aligned}$$

Tabelle 47: Rechentabelle

i ↓ / j →	$y_1 = 162$	$y_2 = 170$	$y_3 = 178$	$y_4 = 186$	$y_5 = 194$
$x_1 = 50$	— 25,714 8 100 1 — 14,286 + 367,3502	— 25,714 8 500 1 — 6,286 + 161,6382	— 25,714 0 0 + 1,714 0	— 25,714 0 0 + 9,714 0	— 25,714 0 0 + 17,714 0
$x_2 = 60$	— 15,714 38 880 4 — 14,286 + 897,9608	— 15,714 71 400 7 — 6,286 + 691,4474	— 15,714 21 360 2 + 1,714 — 53,8676	— 15,714 0 0 + 9,714 0	— 15,714 0 0 + 17,714 0
$x_3 = 70$	— 5,714 22 680 2 — 14,286 + 163,2604	— 5,714 95 200 8 — 6,286 + 287,3456	— 5,714 87 220 7 + 1,714 — 68,5566	— 5,714 52 080 4 + 9,714 — 222,0232	— 5,714 0 0 + 17,714 0
$x_4 = 80$	+ 4,286 12 960 1 — 14,286 — 61,2298	+ 4,286 54 400 4 — 6,286 — 107,7672	+ 4,286 99 680 7 + 1,714 + 51,4234	+ 4,286 74 400 5 + 9,714 + 208,1710	+ 4,286 0 0 + 17,714 0
$x_5 = 90$	+ 14,286 0 0 — 14,286 0	+ 14,286 30 600 2 — 6,286 — 179,6036	+ 14,286 48 060 3 + 1,714 + 73,4586	+ 14,286 83 700 5 + 9,714 + 693,8710	+ 14,286 17 460 1 + 17,714 + 253,0622
$x_6 = 100$	+ 24,286 0 0 — 14,286 0	+ 24,286 0 0 — 6,286 0	+ 24,286 17 800 1 + 1,714 + 41,6262	+ 24,286 55 800 3 + 9,714 + 707,7426	+ 24,286 38 800 2 + 17,714 + 860,4044

In (22) verwenden wir die exakteren Werte $\bar{x}$, $\bar{y}$, um keine zu große Rundungsdifferenzen zu erhalten:

$$\begin{aligned} cov(x, y) &= \overline{xy} - \bar{x} \cdot \bar{y} \\ &= 13\,415{,}4286 - 75{,}714286 \cdot 176{,}285714 \\ &= 68{,}0816 \text{ (gleicher Wert wie nach (29)).} \end{aligned}$$

Zu Übungsaufgabe 18

Bezeichnen wir mit X das Merkmal „Zahlungen für Versicherungsfälle" und mit Y das Merkmal „Zahlungen für Rückkäufe", so ist gesucht die Regressionsgerade $\bar{Y}(x) = a + bx$. Zur Bestimmung der Parameter a, b müssen wir die Maßzahlen $\bar{x}$, s_x^2, $\bar{y}$ cov(x, y) aus dem ungruppierten Beobachtungsmaterial berechnen.

Tab. 48: Rechentabelle

x_ν	y_ν	x_ν^2	y_ν^2	$x_\nu \cdot y_\nu$
(1)	(2)	(3)	(4)	(5)
1 805	282	3 258 025	79 524	509 010
1 937	380	3 751 969	144 400	736 060
2 409	413	5 803 281	170 569	994 917
2 695	494	7 263 025	244 036	1 331 330
2 978	551	8 868 484	303 601	1 640 878
3 233	559	10 452 289	312 481	1 807 247
15 057	2 679	39 397 073	1 254 611	7 019 442

Nach (1):

$$\bar{x} = \frac{1}{6}\, 15\,057 = 2509{,}5$$

$$\bar{y} = \frac{1}{6}\, 2679 = 446{,}5$$

Nach (18):

$$\overline{x^2} = \frac{1}{6}\, 39\,397\,073 = 6\,566\,178{,}83$$

$$\overline{y^2} = \frac{1}{6}\, 1\,254\,611 = 209\,101{,}83$$

Nach (17):

$$s_x^2 = \overline{x^2} - \bar{x}^2 = 6\,566\,178{,}83 - 2509{,}5^2 = 268\,588{,}58$$

$$s_y^2 = \overline{y^2} - \bar{y}^2 = 209\,101{,}83 - 446{,}5^2 = 9739{,}58$$

Nach (23):

$$\overline{xy} = \frac{1}{6} \, 7\,019\,442 = 1\,169\,907$$

Nach (22):

$$\begin{aligned} cov(x, y) &= \overline{xy} - \bar{x} \cdot \bar{y} = 1\,169\,907 - 2509{,}5 \cdot 446{,}5 \\ &= 49\,415{,}25 \end{aligned}$$

Nach (33):

$$a = \bar{y} - \bar{x} \frac{cov\,(x, y)}{s_x^2} = -15{,}20$$

Nach (34):

$$b = \frac{cov(x, y)}{s_x^2} = 0{,}18$$

Die gesuchte Regressionsgerade lautet $\overline{Y}(x) = -15{,}20 + 0{,}18\,x$

Zu Übungsaufgabe 19

Wenn eine merkbare lineare Abhängigkeit im Mittel vorhanden ist, so müßte wenigstens eine Regressionsgerade eine deutlich von Null verschiedene Steigung aufweisen. Wir berechnen also für beide Regressionsgeraden $\overline{Y}(x) = a + bx$ und $\overline{X}(y) = c + dy$ die Steigungen b und d.

Hierfür benötigen wir die Meßzahlen $\bar{x}$, s_x^2, $\bar{y}$, s_y^2, cov (x,y), die wir mit Hilfe der Rechentabelle 49 bestimmen.

Tab. 49: Rechentabelle

	$y_1 = 0{,}5$	$y_2 = 1.5$	$y_3 = 2{,}5$	$y_4 = 3{,}5$	$y_5 = 4{,}5$	$n_{i.}$	$x_i\,n_{i.}$	$x_i^2\,n_{i.}$
$x_1 = 0{,}5$	1,75 7	3,75 5	6,25 5	10,5 6	0 0	23	11,5	5,75
$x_2 = 1{,}5$	3,75 5	42,75 19	48,75 13	26,25 5	20,25 3	45	67,5	101,25
$x_3 = 2{,}5$	12,5 10	56,25 15	62,5 10	43,75 5	22,5 2	42	105	262,5
$x_4 = 3{,}5$	10,5 6	52,5 10	87,5 10	49 4	47,25 3	33	115,5	404,25
$x_5 = 4{,}5$	0 0	13,5 2	22,5 2	47,25 3	0 0	7	31,5	141,75
$n_{.j}$	28	51	40	23	8	n = 150	331	915,5
$y_j\,n_{.j}$	14	76,5	100	80,5	36	307		
$y_j^2\,n_{.j}$	7	114,75	250	281,75	162	815,5		

Die Produkte $x_i\, y_j\, n_{ij}$ stehen wieder im oberen Teil der Felder der zweidimensionalen Häufigkeitsverteilung. Durch Addition erhält man

$$\sum_{i=1}^{5} \sum_{j=1}^{5} x_i\, y_j\, n_{ij} = 691{,}5$$

$$\overline{xy} = \frac{1}{150}\, 691{,}5 = 4{,}61$$

$$\bar{x} = \frac{1}{150}\, 331 = 2{,}20\overline{6}$$

$$\bar{y} = \frac{1}{150}\, 307 = 2{,}04\overline{6}$$

$$\overline{x^2} = \frac{1}{150}\, 915{,}5 = 6{,}10\overline{3}$$

$$\overline{y^2} = \frac{1}{150}\, 815{,}5 = 5{,}43\overline{6}$$

$$s_x^2 = \overline{x^2} - \bar{x}^2 = 1{,}2339\overline{5}$$

$$s_y^2 = \overline{y^2} - \bar{y}^2 = 1{,}2478\overline{2}$$

$$\mathrm{cov}(x, y) = \overline{xy} - \bar{x}\,\bar{y} = 0{,}0936\overline{8}$$

$$b = \frac{\mathrm{cov}(x, y)}{s_x^2} \approx 0{,}0759$$

$$d = \frac{\mathrm{cov}(x, y)}{s_y^2} \approx 0{,}0751$$

A u s s a g e : Die Steigungen beider Regressionsgeraden unterscheiden sich so wenig von 0, daß die Annahme einer linearen Abhängigkeit im Mittel der Ergebnisse voneinander aufgrund des vorliegenden Beobachtungsmaterials nicht gerechtfertigt erscheint.

Zu Übungsaufgabe 20

Zur Messung der Intensität verwenden wir den Korrelationskoeffizienten r. Die zu seiner Berechnung benötigten Werte haben wir im wesentlichen bereits in Übungsaufgabe 18 ermittelt.

$$s_x = \sqrt{268\,588{,}58} \approx 518{,}26$$

$$s_y = \sqrt{9739{,}58} \approx 98{,}69$$

Durch Einsetzen erhalten wir mit

$$r = \frac{\mathrm{cov}(x, y)}{s_x\, s_y} = \frac{49\,415{,}25}{518{,}26 \cdot 98{,}69} \approx 0{,}966$$

eine intensive positive lineare Abhängigkeit im Mittel zwischen den beobachteten Merkmalen.

Zu Übungsaufgabe 21

Die vorliegende Zeitreihe besteht aus n = 7 Beobachtungswerten. Da n ungerade ist, erfolgt die Transformation der Zeit genau wie in Beispiel 35.

Tabelle 50

Jahr	transformierte Zeit t_ν	Beobachtungswerte y_ν	t_ν^2	$t_\nu \cdot y_\nu$
1969	— 3	54 200	9	— 162 600
1970	— 2	58 500	4	— 117 000
1971	— 1	61 100	1	— 61 100
1972	0	61 800	0	0
1973	+ 1	65 900	1	+ 65 900
1974	+ 2	66 800	4	+ 133 600
1975	+ 3	70 200	9	+ 210 600
		438 500	28	69 400

Zu 1:

$$\bar{y} = \frac{1}{7}\,438\,500 \approx 62\,643$$

Die gesuchte Trendgerade lautet nach (43)

$$Y(t) = \bar{y} + \frac{\sum\limits_{\nu=1}^{7} t_\nu\, y_\nu}{\sum\limits_{\nu=1}^{7} t_\nu^2}\, t = 62\,643 + \frac{69\,400}{28}\, t$$

$$Y(t) = 62\,643 + 2478{,}57 \cdot t$$

Zu 2:

1976 ergibt den transformierten Wert t = 4.

Y(4) = 62 643 + 2478,57 · 4 ≈ 72 557 Verträge beträgt die Trendkomponente im Jahre 1976. Die tatsächlich erzielte Anzahl wird um die (zufallsabhängige) Schwankungskomponente von diesem Wert abweichen.

1977 entspricht t = 5.

Y(5) = 62 643 + 2 478,57 · 5 ≈ 75 036 Verträge (Trendkomponente).

Zu Übungsaufgabe 22

Die vorliegende Zeitreihe besteht mit n = 8 aus einer geraden Anzahl von Beobachtungswerten. Die Transformation der Zeit muß also wie im Beispiel 34 vorgenommen werden.

Tabelle 51

Jahr	transformierte Zeit t_ν	$y_\nu = y(t)$	t_ν^2	$t_\nu\, y_\nu$	Y(t)	u(t)
(1)	(2)	(3)	(4)	(5)	(6)	(7)
1967	— 7	20,5	49	— 143,5	20,38	+ 0,12
1968	— 5	21,8	25	— 109,0	21,70	+ 0,10
1969	— 3	21,3	9	— 63,9	23,02	— 1,72
1970	— 1	26,5	1	— 26,5	24,34	+ 2,16
1971	+ 1	25,8	1	+ 25,8	25,66	+ 0,14
1972	+ 3	26,3	9	+ 78,9	26,98	— 0,68
1973	+ 5	27,8	25	+ 139,0	28,30	— 0,50
1974	+ 7	30,0	49	+ 210,0	29,62	+ 0,38
	0	200	168	+ 110,8		

Zu 1:

$$\bar{y} = \frac{1}{8}\, 200 = 25$$

$$Y(t) = \bar{y} + \frac{\sum\limits_{\nu=1}^{8} t_\nu\, y_\nu}{\sum\limits_{\nu=1}^{8} t_\nu^2}\, t = 25 + \frac{110{,}8}{168}\, t$$

$$\text{(gerundet) } Y(t) = 25 + 0{,}66\, t$$

Zu 2:

Zur Bestimmung der Schwankungskomponenten muß man zunächst die Trendkomponenten Y(t) für die einzelnen Jahre berechnen (siehe Spalte (6)). Dann kann man die Differenzen u(t) = y(t) — Y(t) bilden (siehe Spalte (7)).

Zu 3:

1975 (1976) ergibt den transformierten Wert $t = 9$ ($t = 11$).

$Y(9) = 25 + 0{,}66 \cdot 9 = 30{,}94$ (Trendkomponente für 1975).

$Y(11) = 25 + 0{,}66 \cdot 11 = 32{,}26$ (Trendkomponente für 1976).

Die tatsächlichen Umsätze dieser Jahre werden um die (zufallsbedingten) Schwankungskomponenten von diesen Trendkomponenten abweichen.

Zu Übungsaufgabe 23

Entsprechend (45) ist eine Formel für die Trendkomponente aufzustellen. Wir verwenden für die gleitenden Mittelwerte 2 + 1 = 3 Beobachtungswerte, wobei die Randwerte nur mit halbem Gewicht eingehen. Daraus folgt:

$$Y(t) = \frac{1}{2} (0{,}5 \cdot y(t-1) + y(t) + 0{,}5 \cdot y(t+1)).$$

Mit dieser Formel erhält man die Trendkomponenten für $t = 2, 3, \ldots, 11$, z. B.:

$$t = 2: Y(2) = \frac{1}{2} (0{,}5 \cdot y(1) + y(2) + 0{,}5 \cdot y(3))$$

$$= \frac{1}{2} (9{,}55 + 19{,}6 + 10{,}65) = 19{,}9$$

$$t = 3: Y(3) = \frac{1}{2} (0{,}5 \cdot y(2) + y(3) + 0{,}5 \cdot y(4))$$

$$= \frac{1}{2} (9{,}8 + 21{,}3 + 10{,}85) = 20{,}975$$

$$\vdots \qquad \vdots$$

$$t = 11: Y(11) = \frac{1}{2} (0{,}5 \cdot y(10) + y(11) + 0{,}5 \cdot y(12))$$

$$= \frac{1}{2} (13{,}85 + 29{,}1 + 14{,}8) = 28{,}875$$

Bilden wir die trendbereinigte Zeitreihe $y(t) - Y(t)$, so haben wir den Teil der Beobachtungswerte, der nicht vom Trend abhängt. Hier machen sich u. a. Saisoneinflüsse und der Zufall bemerkbar.

Tabelle 52

Jahr	Halbjahr	t	Beobachtungswerte y(t)	Trendkomponente Y(t)	trendbereinigte Zeitreihe y(t) — Y(t)
(1)	(2)	(3)	(4)	(5)	(6)
1970	I	1	19,1	—	—
	II	2	19,6	19,9	— 0,3
1971	I	3	21,3	20,975	+ 0,325
	II	4	21,7	21,975	— 0,275
1972	I	5	23,2	22,975	+ 0,225
	II	6	23,8	24,025	— 0,225
1973	I	7	25,3	25,100	+ 0,2
	II	8	26,0	26,175	— 0,175
1974	I	9	27,4	27,125	+ 0,275
	II	10	27,7	27,975	— 0,275
1975	I	11	29,1	28,875	+ 0,225
	II	12	29,6	—	—

Literaturhinweise

Hansen, G.: Methodenlehre der Statistik, München 1974

Kaiser, H. J.: Statistischer Grundkurs, München 1972

Kellerer, H.: Statistik, in: Handbuch der Wirtschaftswissenschaften, Band II, Köln - Opladen 1966

Kreyszig, E.: Statistische Methoden und ihre Anwendungen, Göttingen 1973

Münzner, H.: Verfahren der deskriptiven Statistik, Verfahren der induktiven Statistik, in: Handbuch der Marktforschung, Band 1, Wiesbaden 1974

Scharnbacher, K.: Betriebswirtschaftliche Statistik, Wiesbaden 1976

Sommerfeld, J.: Mathematik, Grundkenntnisse für Betriebswirte, Wiesbaden 1974

Struck, R.: Kurzfristige statistische Vorausberechnung, Berlin 1973

Wetzel, W.: Statistische Grundausbildung für Wirtschaftswissenschaftler; Band I: Beschreibende Statistik, Band II: Schließende Statistik, Berlin - New York 1971, 1973

Stichwortverzeichnis